相信閱讀

Believe in Reading

科學天地 146
World of Science

數學是啥玩意？(III)

Mathematics

The Man-Made Universe
(Chapter 15～Chapter 19)

by Sherman K. Stein

斯坦／著　葉偉文／譯

作者簡介

斯坦（Sherman K. Stein）

哥倫比亞大學博士，加州大學戴維斯分校數學教授（任教至1993年），該校傑出教學獎得主之一，曾獲得美國數學學會頒發的福特獎（Lester R. Ford Prize），以表彰他在闡揚數學知識方面的貢獻，此外也因為《*Algebra and Tiling*》這本書，獲頒貝肯巴赫書獎（Beckenbach Book Prize）。

斯坦的主要興趣在代數、組合數學及教學法，另著有《幹嘛學數學？》（天下文化出版）以及為中學生所寫的數學普及書系。

譯者簡介

葉偉文

1950年生於台北市。國立清華大學核工系畢業，原子科學研究所碩士（保健物理組）。現任台灣電力公司核能發電處放射試驗室主任、國家標準起草委員（核工類）及中華民國實驗室認證體系的評鑑技術委員（游離輻射領域）。

譯作有《愛麗絲漫遊量子奇境》、《矽晶之火》、《小氣財神的物理夢遊記》、《幹嘛學數學？》、《物理馬戲團I～III》、《數學小魔女》、《統計，改變了世界》（皆爲天下文化出版），並曾翻譯大量專業論文，散見於《台電核能月刊》。

數學是啥玩意？（Ⅲ） 目錄

Mathematics
The Man-Made Universe

閱讀地圖 8

閱讀指南 9

第15章 > > > > > >>>>> 10
地圖著色

第16章 > > > > > >>>>> 48
數的種類

第17章 > > > > > >>>>> 99
尺規作圖

第18章 > > > > > >>>>> 131
無窮集合

第19章 > > > > > >>>>> 168
總 覽

附錄E > > > > > >>>>> 195
等比與調和級數

附錄F > > > > > >>>>> 209
任何維數的空間

「數學健身房」的 > > > > > >>>>> 215
部分解答與說明

The Man-Made Universe

數學是啥玩意？（I）

閱讀地圖　閱讀指南　第三版序

第1章
稱重問題

第2章
質數

第3章
算術基本定理

第4章
有理數與無理數

第5章
用數學頭腦鋪瓷磚？

第6章
鋪瓷磚與電學

第7章
高速公路巡邏警察與推銷員

第8章
記憶輪

附錄A
算術複習

附錄B
數學寫法

數學是啥玩意？（Ⅱ）

閱讀地圖
閱讀指南

第9章
數的表示法

第10章
同餘式

第11章
奇怪的代數

第12章
正交表

第13章
機　遇

第14章
方形數字盤

附錄C
代數入門

附錄D
數學教學

閱讀地圖

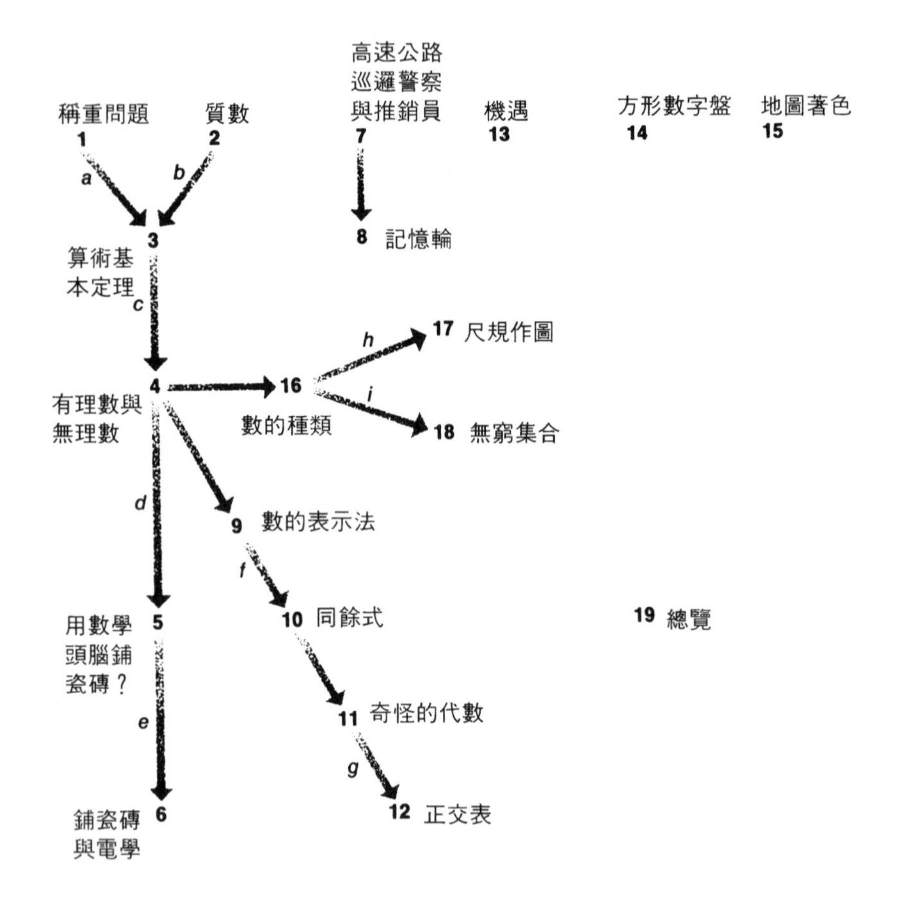

稱重問題
1
質數
2
高速公路巡邏警察與推銷員
7
機遇
13
方形數字盤
14
地圖著色
15
a
b
3
算術基本定理
c
8 記憶輪
17 尺規作圖
h
4
有理數與無理數
16
數的種類
i
18 無窮集合
d
9 數的表示法
f
10 同餘式
19 總覽
用數學頭腦鋪瓷磚？
5
e
11 奇怪的代數
g
鋪瓷磚與電學
6
12 正交表

閱讀指南

(a) 第1章是第3章的心理前奏，但不是邏輯上的前提。

(b) 第3章只需要第2章中有關「質數」的定義。

◇ 有些讀者建議，閱讀前三章最簡單的次序是：先閱讀第1章，接著看第2章有關質數的部分（第31頁），再來看第3章的引理1至引理3（第65頁至71頁），然後讀第72至74頁；此處的關鍵是：如果一個質數可以整除兩個自然數的乘積，那麼該質數至少可以整除其中一個。

(c) 第3章介紹的「質因數分解的唯一性」，會在第4章用來證明某些平方根並非有理數。

(d) 第5章會把有理數與無理數之間的差異應用於幾何問題上。

(e) 第6章與第5章並沒有先後關係。

(f) 第10章幾乎可以自成一格，但實際上卻參考了第9章談到的十進位記數法。

(g) 第12章只用到了第11章對「表」的定義。

(h) 第17章用到了複數，而在第16章有個獨立的單元，已經先用幾何的方式講解過這種數。（你也可以提早讀第16章）

(i) 第18章應用到第16章講到的「代數數」與「超越數」。

請注意，13、14、15這三章與7、8兩章是獨立的章節，最後的第19章則是全書的總覽。

第 15 章 Mathematics 地圖著色

西洋棋盤只需要兩種顏色，就能塗滿整個盤面，方法是讓緊鄰（共用一條邊線）的兩個小方格各塗上不同顏色。下面這張有16個國家的地圖也一樣，只需兩種顏色就可以塗滿，使相鄰的國家有不同的顏色。你可以輕易看出這一點。

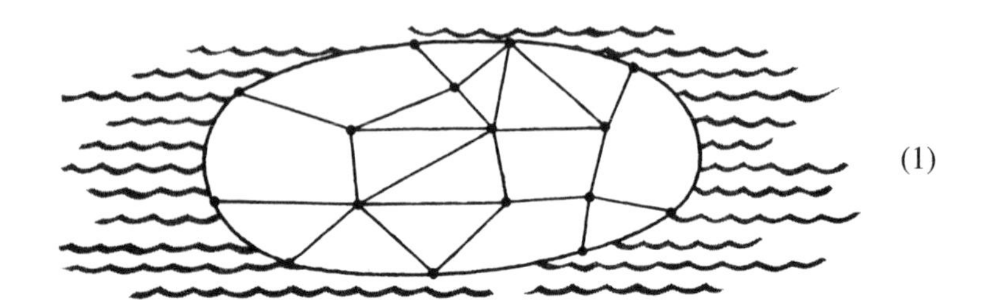

(1)

但是下面這張地圖就做不到了。你可以自己做些實驗，找出一種簡單的檢查方法，看一張地圖是否能只靠兩種顏色就塗滿。

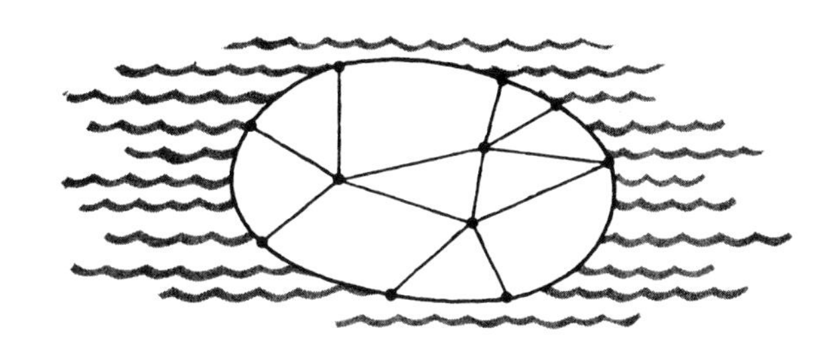

為了簡單起見，當我們說「能以兩種顏色著色的地圖」或「兩色地圖」時，我們指的是只要用兩種不同的顏色，就可以把整張地圖塗滿，而且那些共享至少一條邊線的國家，會有不同的顏色。同樣的，在本章稍後，我們可能會談到「用三種不同的顏色塗滿地圖」或者說「一張五色地圖」，都是指：共享一條邊線的國家顏色不同。

我們假設前面兩張地圖，畫的都是一個有很多國家的大島。我們稱那些國界的交叉點為「頂點」（vertex），不在海岸線上的頂點則稱為「內陸頂點」。而「頂點的次數」（degree of vertex）是指交會在這個頂點的邊線數目。這種觀念，已經在第7章扮演過關鍵性的角色。

那些海島上有眾多國家的地圖裡，由於包圍內陸頂點的國家必須交替塗上不同的顏色，因此若有個內陸頂點的次數是奇數的，這張地圖就沒辦法用兩種顏色來著色。我們因此得到下列定理：

定理1：如果一個海島上有許多國家的地圖能用兩種顏色來著色，則每個內陸頂點的次數都是偶數。

我們希望這個定理的相反方向（或稱逆定理）也是眞的。也就是說，如果每個內陸頂點的次數都是偶數，則海島上的國家可用兩種顏色來著色。例如，我們考慮下面這張地圖，它的每個內陸頂點都是偶數的次數：

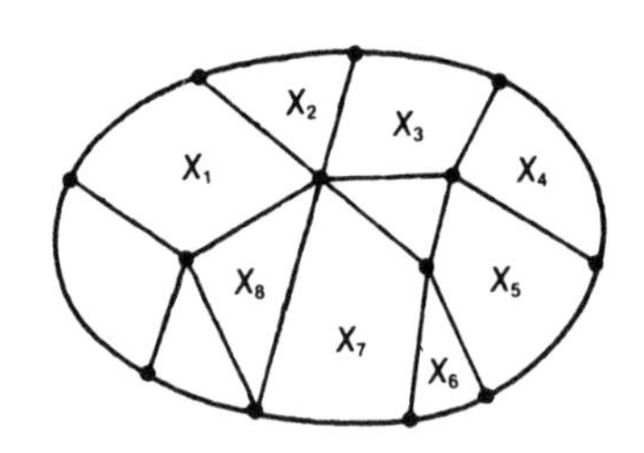

若我們把其中一個國家塗上紅色，假設爲X_1，而把它的鄰國塗上黑色，比方說X_2，並且一路交換顏色塗過去，例如X_1、X_2、X_3、X_4、X_5、X_6、X_7、X_8。在這裡，很幸運的是X_1與X_8這兩個鄰國正好有不同的顏色。雖然在每個著色步驟裡，我們只在意必須與前一個國家顏色不同，而我們再回到第一個國家時，居然沒有困擾。其實由下面這個定理，我們知道保證不會有問題：

定理2：如果每個內陸頂點的次數都是偶數，則一個海島上有衆多國家的地圖可用兩種顏色塗滿。

這定理可以這樣證明：在每個國家釘一個圖釘，如次頁上方的圖。我們選其中一個圖釘，命名爲羅馬。接著考慮圖中一個典型的圖釘T。爲了簡化推理過程，我們所選的羅馬，它與每個圖釘用直線連接時，直線不會通過任何一個頂點。

各位可以試試，當從T出發到羅馬去，若不通過任何一個頂

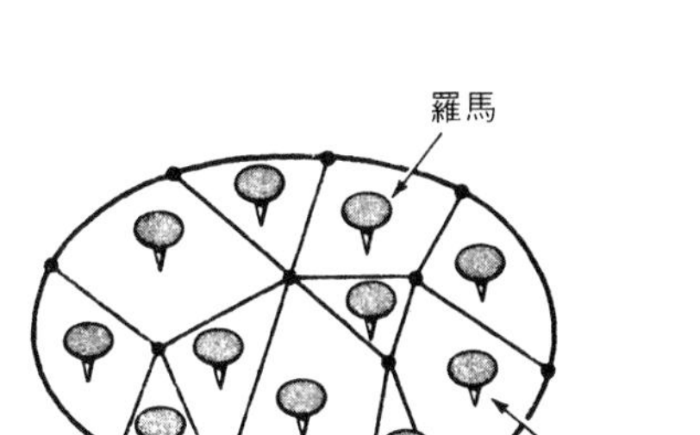

點，則每條行程穿越的邊線數目都是偶數。（當然，若從另外一個圖釘出發，穿越的邊線數目可能會是奇數。）例如，在下面左邊的地圖裡，長途旅程穿越十條邊線，而右邊地圖裡的直接路線，則穿越兩條邊線。

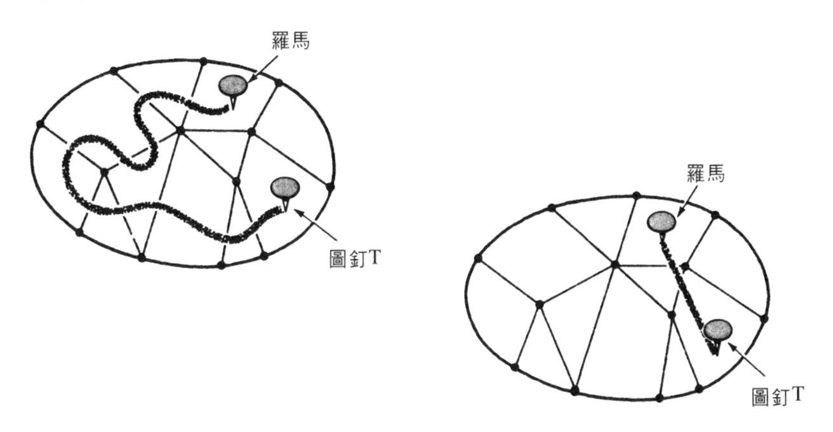

為什麼由T到羅馬一定會經過偶數的邊線？我們試著拉開一條橡皮筋，讓它沿著左上圖的路徑，並把它固定在地圖上。然後我們把沿途固定橡皮筋的東西拿開，橡皮筋就收縮成一條直線，懸在羅馬與T之間。

我們看一下當橡皮筋收縮通過一頂點時，穿越邊線的數目有什麼改變。特別是由下圖中的位置a收縮至位置b時，在頂點附近穿越邊線數目的變化。在位置a時，穿越四條邊線；在位置b時，穿越二條邊線（改變了偶數的數目）。為什麼通過每個頂點時，穿越邊線的數目改變量永遠是偶數？答案很簡單：在a位置穿越頂點附近的邊線數目，加上在b位置穿越頂點附近的邊線數目，就等於這個頂點的次數，而它是偶數的。（如果兩個整數之和是偶數，則它們的差也必定是偶數，這點各位很容易就能理解。）

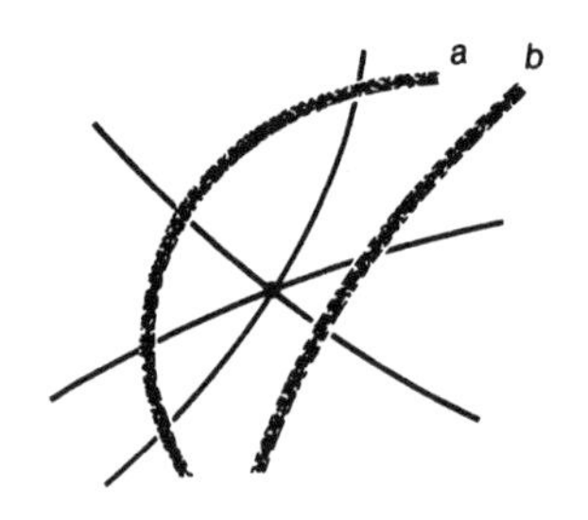

因此，當橡皮筋在收縮通過一個頂點時，穿越邊線的數目改變量一定是偶數。不僅如此，就算橡皮筋的收縮只是像下面這個樣子穿越邊線，數目的改變也是偶數的。

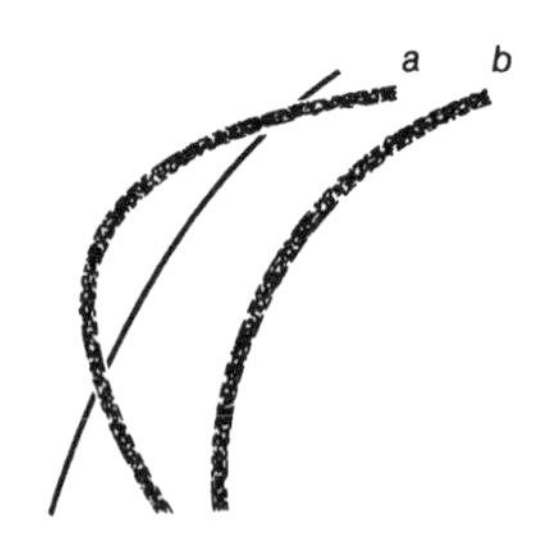

最後，橡皮筋收縮成直線，由T直達到羅馬。因為這條直接通

達的路線，穿越邊線的數目也是偶數，因此是最初的路線。這也是我們用橡皮筋的原因。

結果是，由T到羅馬的任何路線，穿越的邊線數都是偶數。我們稱有這種特性的圖釘（代表那個國家）爲偶數。特別要提的是，羅馬自己也是偶數（我們從羅馬到羅馬，甚至不必穿越任何邊線）。

另一方面，若你能找到另外一個圖釘T′，它到羅馬的直接路線只穿越奇數的邊線數目。接著，比照上面的討論過程，我們會發現，由T′到羅馬的任何路徑顯然一定都穿越奇數的邊線數目。我們就稱具有這種特性的圖釘（國家）爲奇數。

現在，我們定義兩個圖釘爲緊鄰，也就是由一個圖釘到另一個圖釘只需要穿越一條邊線，那麼很顯然的，其中之一必定是奇數，另一個必定是偶數。這是因爲若其中一個圖釘到羅馬是穿越了奇數個邊線，另一個圖釘必定要多穿越一條或少穿越一條邊線，也就是偶數。於是，我們可以找到一種著色法，就是把偶數圖釘的國家塗紅色，而把奇數圖釘的國家塗藍色就行了。定理2得證！

假設海洋也要著色，那就不能再區分內陸頂點和海岸線上的頂點了，也就是說，我們把海洋也當成一個國家，一個包圍住其他國家的大國。

本章開頭的第一張地圖，若包括海洋在內，並不能以兩種顏色來著色。因爲一些海岸線上的頂點，次數是奇數的。但是次頁這張地圖，卻能以兩種顏色來塗滿。所以，我們得到了定理3（證明定理2的技巧，也可以用來證明定理3）：

定理3：如果每個頂點都是偶數的次數，則海洋與一個島上的衆多國家，都能用兩色著滿。

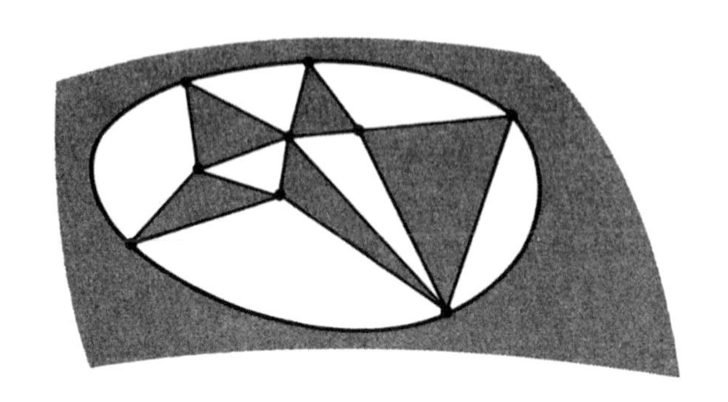

定理3比定理2更優美，因爲它不必管什麼內陸頂點或濱海頂點。表面上，它似乎比較複雜，因爲它必須區分海洋以及島上的國家。但這種區分其實是很人工的，畢竟，如果我們把地圖畫在一顆大球上，而不是畫在地板上，海洋看起來就像一個超級大國。

爲了更爲具體而明瞭，我們把人爲的國家意涵去除，把海洋與國家統統稱爲「區域」。有了這層認識之後，定理3變成了下面這個定理：

定理4：如果一個球體的表面可以區分爲若干區域，而每個頂點的次數都是偶數，則所有區域可以用雙色著色。

我們完全解決了雙色問題，換句話說，我們已經發現一種簡單的方法，可判斷一張地圖是否能用雙色著色：只要檢查所有的頂點是否爲偶數的次數。

由定理4，我們可以得到下面這個引理（以後會用到）：

引理：如果球體的表面可以分成幾個區域，使每個區域的邊線數目都是偶數，則頂點可以塗成紅色或藍色，使得同一條邊線的兩個頂點有不同的顏色。

這個引理的證明如下：

請考慮下面這一張地圖，它的十一個區域覆蓋了整個球面（當然在覆蓋球面的時候，每條邊線會彎曲）。

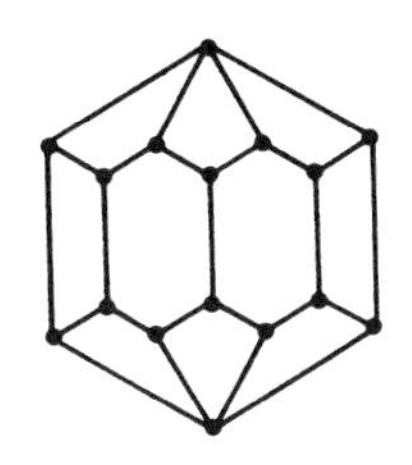

每個區域（包括最外圍部分）的邊線數都是偶數。我們可以把這張地圖轉化成另外一張地圖，依然覆蓋在球面上。我們在每個區域裡畫個點，然後把共用一條邊線的兩個區域的點連接起來。爲了能更加明瞭，我們把第二張地圖的一部分，用虛線以透視圖的方式描繪在球上：

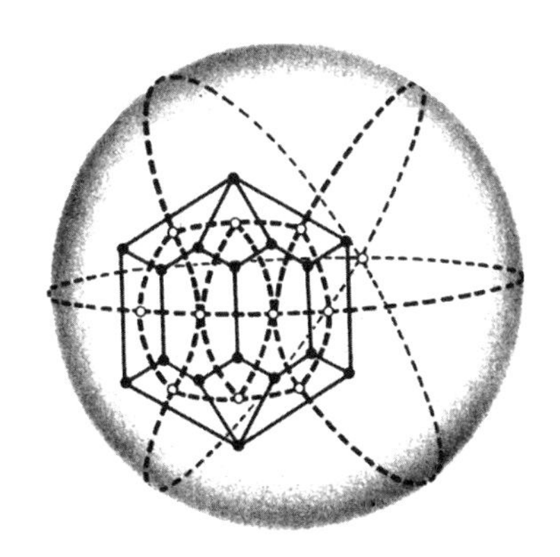

在新地圖中，由虛線構成的頂點數目，與原來的區域數相等。而原地圖中每個區域的邊線數是偶數，因此新地圖的每個頂點，次數也是偶數。

定理4 主張，新地圖能以雙色來著色。這間接說明了原地圖中的頂點也能同樣著色，正如引理的敘述。故引理得證！

接下來我們考慮三色地圖的著色問題。在這個問題上，得到的結果不算很完整。1941 年，布魯克斯（R. L. Brooks）證明了：

定理5：如果球表面分成至少五個區域，每個區域都與其他三個區域接壤，則這張地圖可用三色或更少的顏色來著色。

雖然，在此我們不證明定理5（有興趣的讀者可查閱「延伸閱讀」[1]），但你可以自行檢查一些例子，包含下面這張地圖（記得外面也要著色）：

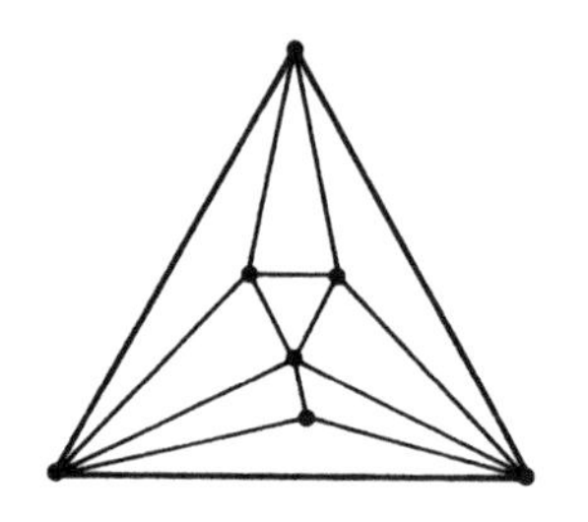

1880 年，坎普（A. B. Kempe）發現另外一個三色結果，即：

定理6：如果在球面上分成幾個區域，每個區域的邊線數都是偶數，而且每三個區域交會於一個頂點，則此地圖正好可用三種顏色來著色。

下圖是定理6的一個例子，你可以檢查一下，它是否能用三色來著色。要注意外圍那個大區域的邊線數目也是偶數，它與其他區域一樣要著色。

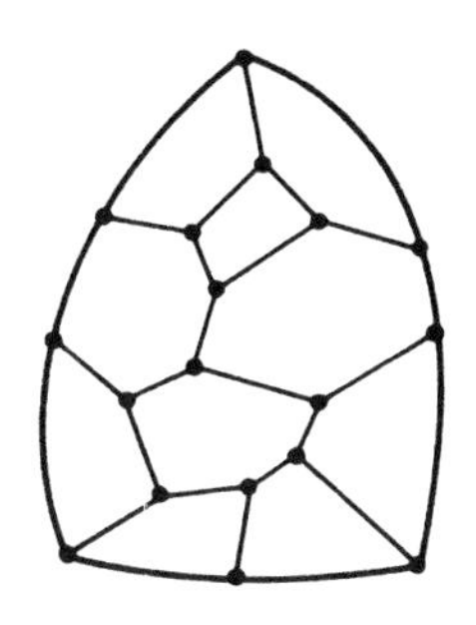

如果我們從這張地圖的一個中央區域開始著色，則它周圍的區域必須用剩下的兩色交互著色。因為周圍區域的數目是偶數，著起色來不成問題。若我們最先用的是A色，則周圍區域使用的顏色就是B與C，如下圖：

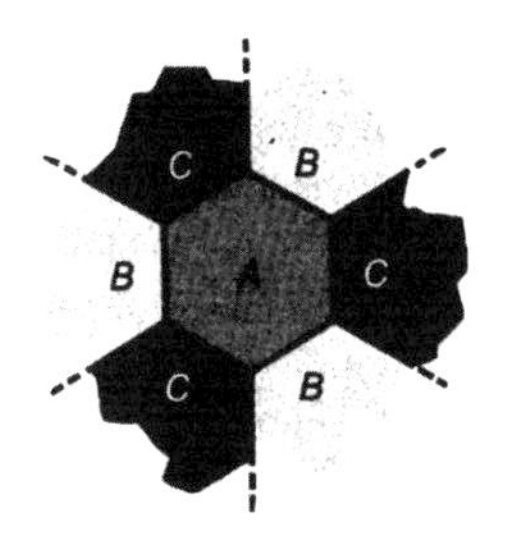

但是，能將接壤的區域著色，並不能保證整張地圖能用三色來塗滿。在此，我不想詳細證明定理6，我想介紹給讀者的是一種可將這種地圖用三色著色的技巧。

第一步，我們把地圖上每個頂點，分別用順時針方向的小圓圈與逆時針方向的小圓圈，都圈起來。圈法是這樣的：在每一條邊線兩端的頂點上，一個畫上順時針的小圓圈、一個畫上逆時針的小圓圈。這一定可以辦到，因爲定理4之後的引理保證它能成功。

以前頁的地圖爲例，做完這個步驟之後，就成爲這個樣子：

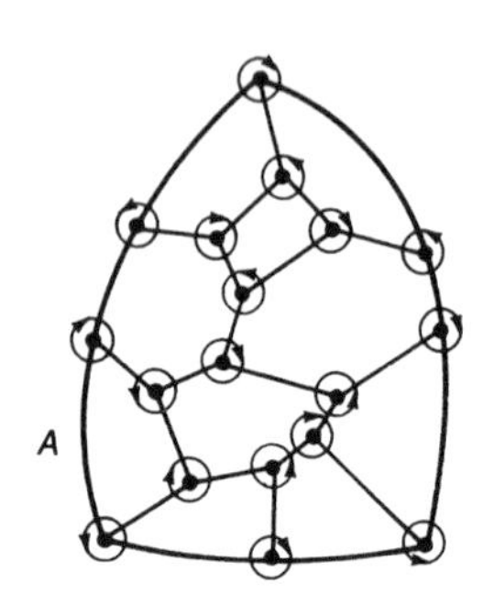

其次，依照下面的方式，分別用A、B、C三個顏色來塗邊線：先選一條邊線，塗上A色；接著，用顏色B與C來塗與這條邊線相會的另外兩條邊線，塗法依旋轉的方向而定。例如下圖，因爲小圓圈是順時針方向，所以B色塗在左上方的邊線，再把C色塗在右上方的邊線：

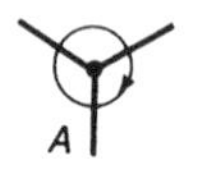

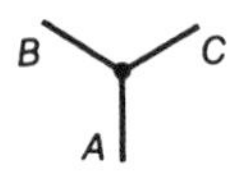

如果小圓圈是逆時針方向，就把B色塗在右上方的邊線，再把C色塗在左上方的邊線：

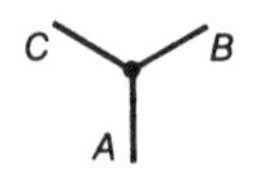

接下來就是沿著邊線前進，依照上面的規則，把邊線都著色。

下圖就是著色後的邊線，以及按照邊線顏色來著色的地圖：

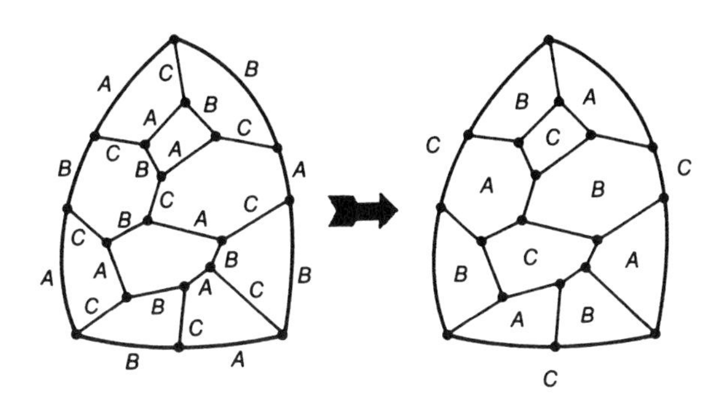

你可以檢查一下，A、B、C三色在頂點交會的方向與前頁圖中的小圓圈旋轉方向完全一致。請注意，每個區域的邊線只有兩種顏色（最外緣那一圈邊線也是只有A、B兩色），如此，我們就可以用邊線沒用到的第三種顏色來塗該區域。接壤的區域當然也就是不同的顏色，因此整張地圖可用三色塗滿，就像上圖的右側。

定理5及定理6包括了我們對三色地圖問題所知的大部分規則。但目前爲止，還沒有人發現，可決定一張地圖是否只用三色就能塗滿的通則。

至於四色地圖的問題，可以回溯到1852年的10月23日，是梅氏（K. O. May）提出的。就在這一天，古斯瑞（Francis Guthrie）把它拿給他的老師，邏輯學家笛摩根（Augustus De Morgan, 1806-1871）看，而笛摩根則寫信問哈密頓（W. R. Hamilton, 1805-1865）：

我的學生今天就一件事問我原因何在。他認爲這件事是一項事實，但我不那麼確定，以前也沒注意到。他說如果把一個圖形隨意分割，並且把每塊區域塗上不同的顏色，使得同一條邊線的兩邊顏色不同，則只需要四種顏色就一定夠了，甚至更少些……

你認爲如何？如果眞的是這樣，你以前知道嗎？我的學生說他曾以英格蘭的地圖來做實驗。這件事，我愈想愈覺得它是眞確的。

1879年，坎普曾發表了一篇證明的論文，可惜是錯的。那篇論文裡面提到：

有些跡象暗示了這個問題的困難程度。除非能發現它的弱點並加以克服，否則在一張地圖上某個小地方的顏色調整，可能會導致整張地圖都必須重新著色。在經過艱苦的搜尋之後，我終於成功。正如很多人的預期，有一項隱藏的弱點忽然浮現出來，但很容易克服。結果是，製圖者的經驗並沒有錯，他們所繪製的各種地圖，只要有四種顏色就一定夠用了。

坎普證明裡的瑕疵，在1890年被希伍德（P. J. Heawood）的一篇論文提出來。論文的開頭是：

畫法幾何學（descriptive geometry）定理，主張任何地圖都能用四色來著色，使所有接壤的區域都有不同的顏色……這個問題激起很多人的興趣，雖然還沒有發現失敗的例子，但大家總覺得要想證明這個定理，雖不敢說不可能，但一定很難。不過幾年前卻出現了定理的證明。我這篇論文並不是想證明這個原創的定理；事實上，這篇論文的破壞性還高於建設性，我只想指出目前大家公認的關於定理的證明，有一些瑕疵存在……

希伍德這篇論文指出，坎普所用的技巧倒是能拿來證明球體上的每張地圖都能用五種顏色（或較少的顏色）來著色。這個證明過程可以再細分成六個引理及定理本身的證明，下面我就來詳細介紹。

在開始證明之前，首先要說明到目前爲止，有三項大家都接受的假設。第一項假設是，區域的疆界可以看做是由一條線所形成的環，這個環不會與自己相交。因此一個區域看起來就是這個樣子：

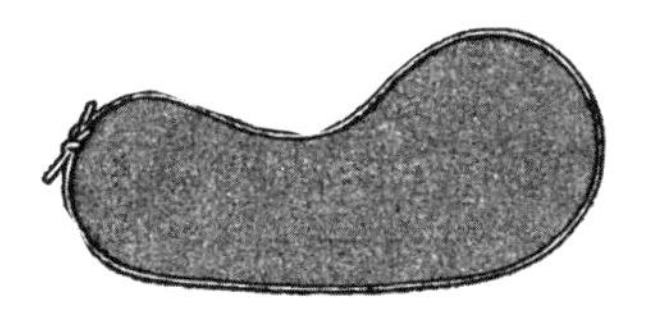

下面這幾個圖形，都不能算作區域（整個球的表面本身也不算一個區域）：

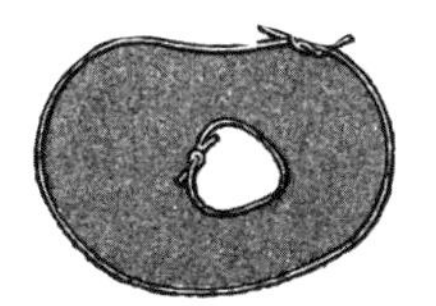

若沒有這一項假設，稍後會提到的引理2與引理3在某些時候就不成立了。

第二項假設是，每一條邊線總是有兩個端點，也就是說，邊線與疆界不同，邊線不會封閉成一個環。因此，任何一個區域的疆界至少可以區分成兩條邊線，所以每個區域至少有兩個頂點。

第三項假設是，地圖著色問題裡的區域數目，都是有限的。

下頁的圖指出了六條引理之間的關係，以及它們如何推導出五色地圖定理。所有這些引理都適用於球面上的地圖。

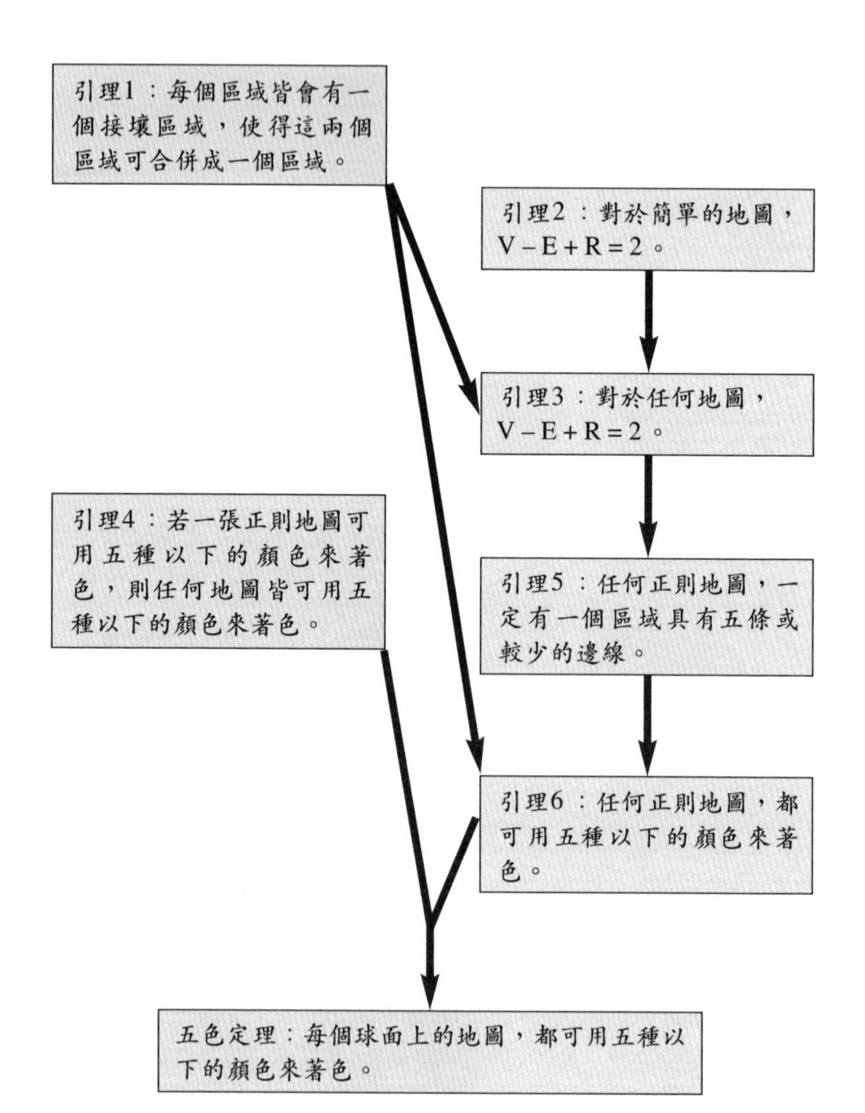
引理1：每個區域皆會有一個接壤區域，使得這兩個區域可合併成一個區域。
引理2：對於簡單的地圖，V－E＋R＝2。
引理3：對於任何地圖，V－E＋R＝2。
引理4：若一張正則地圖可用五種以下的顏色來著色，則任何地圖皆可用五種以下的顏色來著色。
引理5：任何正則地圖，一定有一個區域具有五條或較少的邊線。
引理6：任何正則地圖，都可用五種以下的顏色來著色。
五色定理：每個球面上的地圖，都可用五種以下的顏色來著色。

對任何球面上的地圖，令V是頂點（vertex）的數目，E是邊線（edge）的數目，而R是區域（region）的數目。你可以計算一下本章最前面的三張地圖，其V、E、R的數目分別是：V = 16, E = 31, R = 17；V = 11, E = 20, R = 11；V = 13, E = 23, R = 12。

檢查一下這些數值，我們發現：

$$V - E + R = 2$$

也就是頂點數與區域數之和，比邊線數大2。球面上任何地圖，都符合V – E + R = 2這項關係。這最初是由笛卡兒（Rene Descartes, 1596-1650）在1640年證明的。後來歐拉在1752年也獨力證明過。在證明笛卡兒的定理之前，我們需要另一個引理：

引理1：在球面上的任何地圖（這地圖至少有兩個以上的區域），每一個區域皆有一個相鄰區域，它們的共同疆界沒有間斷，使得兩區域拿掉這唯一一條邊線之後，可構成一個區域。

這個引理1的證明如下：我們觀察發現，若兩個區域，比方說X與Y，接壤的邊線不只一條，則X與Y必定可包圍至少一個其他區域。例如下列的圖形：

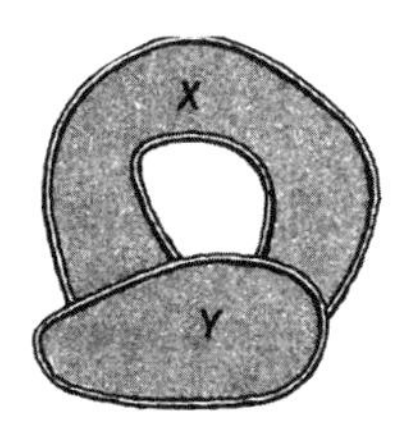

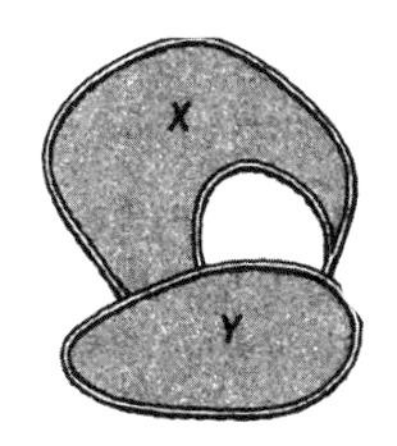

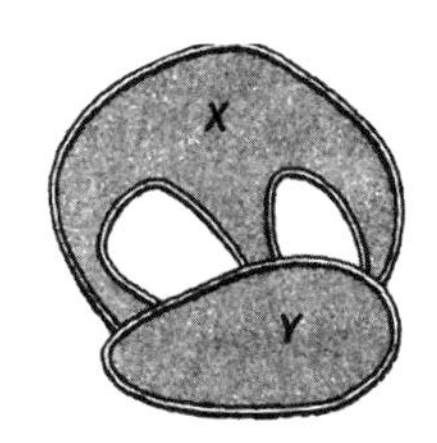

請記住這個觀察。我們令X_1是地圖中任何一個區域。接著做個

與引理1的論斷不同的假設：X_1並沒有任何一個相鄰區域Y，與它之間只有一條邊線。

我們令X_2是與X_1接壤的一個區域，兩區域間不只一條邊線。因此我們可援用上面的觀察：由於X_2與X_1的接壤不只一條邊線，X_1與X_2至少包圍了另一個區域。在這些被包圍的區域裡，也必定至少有一個區域與X_1相接壤於一條邊線以上；我們揀一個這種區域，稱爲X_3。同理，X_1與X_3至少也包圍了另一個區域，而這個區域也與X_1接壤於不只一條邊線；再揀一個這種區域，稱爲X_4……這樣一直繼續下去，區域數目就無窮盡了。可是地圖裡的區域數目是有限的，因此我們所做的與引理1相反的假設，便是錯誤的，這就證明了引理1正確。

引理2：如果一張地圖正好有兩個區域，則$V-E+R=2$。

這個引理的證明如下：假設這兩個區域是兩個半球的球面，相接於赤道。在赤道上，頂點的數目（次數都是2）與邊線的數目（V個頂點可把赤道分成V段邊線）相等，因此$V=E$。由於$R=2$，我們就得到$V-E+R=2$。

接著，下面的引理3也不難證明：

引理3：對於任何覆蓋於球面的地圖，$V-E+R=2$。

證明的過程如下：選任何一個球面上的地圖，令K代表$V-E+R$的數目。我們想證明的是K都等於2。

爲了這麼做，我們必須把要討論的地圖逐步變成一張只含有兩個區域的地圖，方法是不斷重複以下的步驟：

(1) 刪除任何次數是2的頂點。

(2) 利用引理1，刪除兩個區域共用的一條邊線，將兩個區域合併成一個區域。

刪除一個次數是2的頂點後，剩下的地圖仍會有相同的區域，只不過兩條短邊線被一條長邊線取代了（你應能畫出這種圖形）。令V'、E'與R'是這張新地圖的頂點數、邊線數與區域數，我們知道$V' = V - 1$。而且因為一個頂點刪除之後，兩條邊線會變成一條，所以$E' = E - 1$。而區域的數目並沒有改變，$R' = R$。

因此，$V' - E' + R' = (V - 1) - (E - 1) + R = V - E + R = K$，

所以$V' - E' + R' = K$。

如果我們刪除了一條邊線（但不刪除它的兩個頂點），又會怎樣？在這張新地圖裡，$V' = V$，$E' = E - 1$，而且$R' = R - 1$，你可以檢查一下，我們又得到$V' - E' + R' = K$。

重複應用(1)與(2)的步驟，我們最終可以把原先的地圖變成只含有兩個區域。而在每一個步驟之後，「頂點數」減「邊線數」加「區域數」，都等於K。

直到最特殊的情況，即地圖只有兩個區域的最終情況，這個計算關係仍然成立。於是，由引理2，我們知道$K = 2$，因此引理3得證！

引理3稍後可用來證明引理5。

引理4：如果球面上有張地圖，它頂點的次數都是3，若我們能以五種以下的顏色著色，則我們能同樣以五種以下的顏色替任何球面上的地圖著色。

這個引理的證明如下：在每個次數超過3的頂點，放一塊小區域（或嵌片，例如下圖的小圓片），使得原先的頂點變成幾個次數爲3的頂點（例如下圖就顯現了五個次數都是3的頂點）。

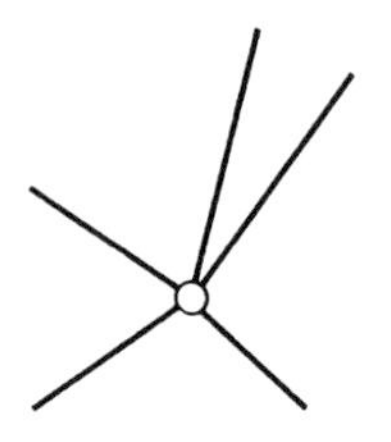

因爲新地圖的每個頂點的次數都是3，則依我們的假設，這張地圖能以五色以下的顏色來著色。我們再把嵌片移開，現在需要著色的只剩原先嵌片蓋住的地方——它原本屬於哪個區域，就把那個區域的顏色塗布過來即可。所以，原來的地圖也可以用五種以下的顏色來著色。

每個頂點的次數都是3的地圖，在下面的引理中扮演很重要的地位。爲了方便起見，我們稱這種地圖爲「正則」(regular）地圖。

引理5：球面上的一張正則地圖，至少須有一個區域擁有五條或更少的邊線。

這個引理的證明方式如下：我們假設每個區域都有六條以上的邊線，如果推論的結果造成矛盾，就能證明這條引理。

考慮任何頂點，在它的三條邊線旁邊做個小記號。每個頂點都這樣做。最後，我們會有3V個有關邊線的記號。但每條邊線會有兩個這種記號，因爲它的兩端各有一個記號。因此，$3V = 2E$。爲了以後應用的方便，我們把方程式寫成$6V = 4E$。

其次考慮區域，在每個區域裡靠近邊線的附近擺個小石子。因爲每個區域有6條以上的邊線，因此每個區域裡會有6個以上的小石子。現在，有R個區域，每個區域裡有6顆以上的小石子，因此小石子的總數最少是6R。另一方面，每條邊線的兩側各有一顆小石子，對E條邊線而言，小石子的總數是2E，所以2E至少等於6R。

現在，我們再回頭去看引理3，$V - E + R = 2$。每一項都乘以6，就得到$6V - 6E + 6R = 12$。

由於$6V = 4E$，因此$4E - 6E + 6R = 12$，即$6R - 2E = 12$。再由於2E至少是6R，因此這個方程式的左邊是0或負值，當然不可能會等於12。所以，結果是矛盾的，引理5得證！

由引理5的協助，我們可以簡單證明下述的引理6。

引理6：任何球面上的正則地圖，可以用五色（或更少色）來著色。

我們這樣證明：很顯然的，若一張地圖最多只有五個區域，它必然可以用五色（或更少的顏色）來著色。現在，令R爲自然數，並假設任何一張至多有R個區域的正則地圖，都能以五色來著色。以這項假設爲基礎，我們將要證明，任何具有$R + 1$區域的正則地圖，都可以用五色來著色。

請考慮一個有$R + 1$區域的正則地圖。由引理5，我們知道至少有一個區域擁有五條或更少的邊線。我們把這種敘述分成兩種情況：

情況一：某個X區域，具有四條或更少的邊線。

由引理1，必定有個區域Y與區域X接壤，使得X與Y能合併成一個區域。我們把X與Y之間的邊線擦掉，並刪除邊線兩端的頂點，這樣就產生了一個新的、有R個區域的正則地圖（你應該能畫出這種地圖）。由我們的假設，這張地圖只有R區域，可以用五色著色。如果我們再把X與Y之間的邊線放回去，會發現X與Y的顏色相同。但我們可以擦掉X的顏色，給X一個與鄰近區域不同的顏色。因爲X至多有四個鄰接區域，但顏色有五種，這點不成問題。

情況二：某個區域X正好有五條邊線。

這次，我們沒有辦法應用情況一的論證。但是你可以檢查，X有兩個鄰接區域Y與Z，能使得Y與Z雖然不相接，但X、Y與Z卻能合併成一個區域。例如：

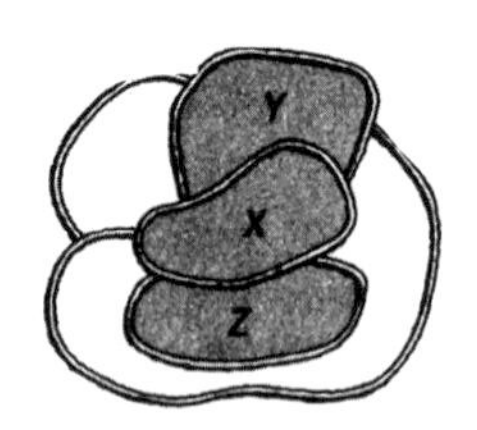

如果我們把X與Y以及X與Z之間的邊線擦掉，也把邊線兩端的頂點消除，就得到一張有R－1個區域的正則地圖，比原先的R＋1區域還少兩個區域。由之前的假設，這個R－1區的正則地圖可用最多五種顏色來著色（因爲R－1比R少）。

接著，我們把剛才拿掉的兩條邊線與相關的頂點再放回去。這時候，X、Y與Z這三個區域的顏色相同，由於Y與Z不相接，它們的顏色不必更改，但X的顏色必須改變。由於Y與Z的顏色相同，所以X區域雖然有五條邊線，四周出現的顏色卻不會超過四種。而我們可用的顏色有五種，必然挑得到一種與它周圍區域都不同的顏色。如此，情況二的討論也順利完成了。

所以，我們已經證明了：任何具有R + 1區域的正則地圖，都可以用五色來著色。

接下來，我們就利用上面這個已經成立的論證，從最簡單的R = 5的地圖開始推演：由於我們可以用五種或更少的顏色，來爲任何具有五個或更少區域的正則地圖（R = 5）著色，因此可以用同樣的條件，替擁有六個區域的正則地圖（R = 6）著色。再應用同樣的論證（這時R = 6），我們可用五種或更少的顏色爲任何具有七個區域的正則地圖（R = 7）著色……

相同的論證過程可以一再重複，我們就可以用五種或更少的顏色，爲具有任何區域數的正則地圖著色。引理6得證！

結合了引理4與引理6，我們得到：

五色定理：球面上的任何地圖，都能用五種以下的顏色來著色。

到了1940年，文恩（Winn）證明了35個區域以內的任何地圖，都可以用四色或更少的顏色來著色。1968年，奧爾（O. Ore）及斯坦普爾（Stempel）聲稱，他們把區域的數目由35提高到39。到了1975年，報告顯示區域的數目已提高到52或更高。但還是沒有人知道，球體上地圖的著色是否眞的只需要四種顏色。

1976年，經過四年多的努力，伊利諾大學的阿培爾（Kenneth Appel, 1930–）及黑肯（Welfgang Haken, 1928–）終於解決了平面地圖的四色問題。他們指出，任何平面地圖（請注意，不是球面地圖）最多只要有四種顏色，就能著色。證明的方式有點類似五色定理，但複雜得多。

證明五色定理的關鍵是前面所述的引理5與引理6。這兩個引理指出，每個正則地圖至少包含下面兩種形態之一：（1）某個區域至多有四條邊界，因此可以把兩個區域結合成一個區域；（2）某個區域有五條邊界，因此可以把三個相鄰區域結合成一個區域。

由於至少會有一個這種「不可避免的形態」，使得任何一張球面五色地圖都可簡化成一張區域數目比較少的球面五色地圖。

阿培爾與黑肯建構了大約一千五百個「不可避免的形態」，使得原先的平面四色地圖都可以變成區域數目較少的平面四色地圖。因爲形態的數目太多了，在證明過程中必須利用電腦來協助。

若地圖不是在球體上，而是在甜甜圈那樣的內管（inner tube）上，相關的著色問題倒是已經完全解決了。希伍德（見第22頁）證明，在內管上的任何地圖，可用七種或更少的顏色著色（請參考「數學健身房」第41題）。內管地圖的著色問題比球面地圖的著色問題簡單，讓希伍德百思不解。他在1890年的那篇論文中的引言裡提到：

……〔我的〕主要目標是把簡單的命題〔即四色猜想〕拿來與它的推廣做對比。很奇怪，有些問題的證明容易得多了。

如果說數學裡有某些部分，天生注定沒有實際用途，這種地圖著色問題一定被算在內。不過，有一天，我卻聽到一個電機工程的研究生描述他爲電腦設計相關電路時，居然發現它是四色猜想的一種僞裝，而他無法解決。你們可以想像當時我有多驚訝！這個故事發生的年代，四色猜想仍然無解，這個學生聽到我說已有多少世代優秀的數學家都徒勞無功時，挫折感才稍減。

從1852年開始，儘管經過了許多數學家的努力，對原本的問題「任何球體上的地圖，能用四色著色嗎？」卻依然沒有答案。

數學健身房

1. 請舉個需要四種顏色的島上地圖的例子。
2. (a) 請畫個島上地圖，令每個內陸頂點為偶數次數，而每個濱海頂點的次數是奇數。
   (b) 請以兩種顏色來為島上的區域著色。
   (c) 請沿著海岸線檢查邊線的數目是否為偶數。
   (d) 利用定理2，請證明(c)中的邊線數必定是偶數。
3. 本章引理1的證明，與第5章定理8的證明，有何相似性？
4. 如果球面上的地圖只含有三角形，則當把它們畫在一張紙上時，只有三個區域有海岸線。
   (a) 請畫一張地圖，每個區域都與三個鄰居接壤（海洋也算一個鄰居），而且海洋與三個區域接壤。
   (b) 請以三色來著色。
   (c) 這張地圖符合定理5嗎？
5. 延續第4題，請自己畫個地圖，解釋定理5。
6. 在下面的地圖中，每個區域（海洋也算一個區域）都有偶數邊線。

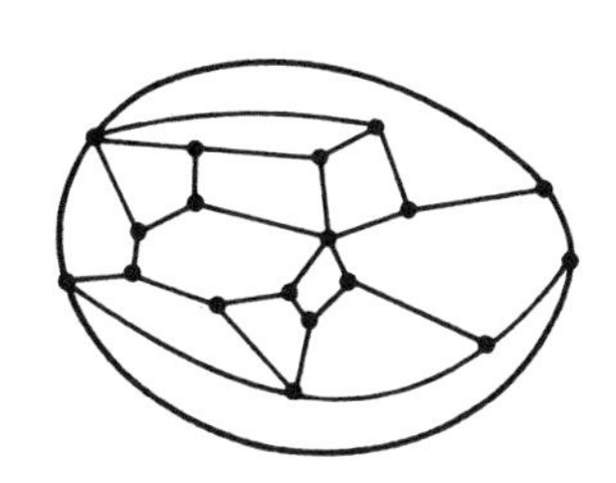

(a) 請證明這張地圖不能用三色著色。

(b) 這張地圖與定理6矛盾嗎？

7. (a) 請畫一張地圖，使每個頂點的次數都是3，而且每個區域（包括海洋）的邊線都是偶數。

(b) 像定理6的非正式證明那樣，請將每個頂點交替以順時針與逆時針的小圓圈圈起來。

(c) 請利用這些小圓圈將邊線著色。

(d) 只用三種顏色，請由邊線的顏色來決定區域的顏色。

8. 自己再選一張地圖，重做一次第7題。

9. 請畫三張不同的地圖，檢查是否 $V-E+R=2$。提示：記得把海洋算成一個區域，爲了避免錯誤，請在算過的頂點、邊線或區域上標上數字。

10. 在引理3的證明裡，曾提到利用(1)與(2)的步驟，可將球面上的任何地圖逐漸簡化成只有兩個區域的地圖。

(a) 請在平面的紙上，畫一張有七個區域的地圖。海洋也代表一個區域。

(b) 重複進行(1)與(2)的步驟，將(a)簡化成只含兩區域的地圖。

11. 同第10題，請把地圖的區域由十個開始。

12. 考慮球面上的正則地圖：

(a) 當你刪除地圖裡兩區域之間的邊線，以及邊線兩端、次數爲3的頂點時，對V、E與R的數目有何影響？

(b) 在這種情況下，$V-E+R$ 會怎樣？

13. 如果把引理4當中的「五色或更少種顏色」改成「四色或更少種顏色」時，它還成立嗎？請證明你的答案。

14. 球面上的地圖有200個區域，每個區域都有五條邊線。請問你對頂點的數目，能說些什麼道理來？

15. 在什麼情況下，證明五色定理所用的論證，可以再細分，以證明四色定理？

16. 假設有張網子，網目都是六角形，而且每三個六角形聚在一個網結上。這種網子可以覆蓋一個球面嗎？

17. 球面上散布著100點。有很多地圖都可以用這100點當頂點，而使每個區域有三條邊線。請證明任何兩個符合前項條件的地圖，有同樣多的區域。

18. (a) 請證明在一個島上的地圖，$V - E + R$ 不等於2。

(b) 那麼它的值會固定是多少？

19. 為何在證明五色定理時，我們要引進正則地圖的概念？

20. 考慮一個球面上的正則地圖。令R_2是擁有兩條邊線的區域的數目，R_3是三條邊線區域的數目，等等。

(a) 請證明$R_2 + R_3 + R_4 + \cdots = R$

(b) 請證明$2R_2 + 3R_3 + 4R_4 + \cdots = 2E$

(c) 請結合(a)、(b)及 $3V = 2E$ 與 $V - E + R = 2$ 兩個方程式，證明

$4R_2 + 3R_3 + 2R_4 + R_5 = 12 + R_7 + 2R_8 + 3R_9 + \cdots$

(d) 請由(c)，得出另一種引理5的證明法。

21. 延續第20題的(c)，若一個球面上的正則地圖沒有少於五條邊線的區域，我們對這張地圖裡具有五條邊線的區域數目，知道些什麼事？

22. 延續第20題的(c)：

(a) 請在空格上填入最大的數字，使下列說法永遠成立：任何球面上的正則地圖至少有_____個區域具有五條或更少的邊線。

(b) 請提供一張地圖的實例，與(a)所稱的區域數相同。

23. 延續第20題的(c)，球面上一個正則地圖有兩個區域具有七條邊線，有三個區域擁有八條邊線，但沒有哪個區域的邊線是八條以上。請問這張地圖有多少個區域的邊線數目在五及五以下？

24. 延續第20題的(c)：一個正則地圖，其中四條邊線的區域有四個，三條邊線的區域有兩個，但並沒有二條邊線與五條邊線的區域。

    (a) 這張地圖有多少個九條邊線的區域？

    (b) 從那些有七條邊線或八條邊線的區域數目，你發現什麼事？

25. 延續第20題的(c)：假設四色猜想不對。請考慮球面上有張地圖，它擁有無法用四色著色的最少數目的區域。

    (a) 爲何這張地圖裡的R_2、R_3與R_4都是0？

    (b) 這張地圖裡，有五條邊線的區域，數目如何？

26. 請用12條線接在一起，形成一個立方體。把一個燈泡放進這個立方體，再把立方體放進一個球體裡。則每條線在球表面的影子，可以看成是球面上地圖的邊線，立方體的六個面就代表球面上的六個區域。因此我們討論過的，有關球面上地圖著色的定理，便可以應用來替立方體的表面著色，並且使得共用同一條邊線的兩個面顏色不同。

    (a) 請用最少的顏色來爲立方體的表面著色，使得相鄰的表面顏色不同。

    (b) 請證明這個立方體能解釋定理6。

27. 延續第26題，四面體是由4個三角形的面所構成的金字塔：

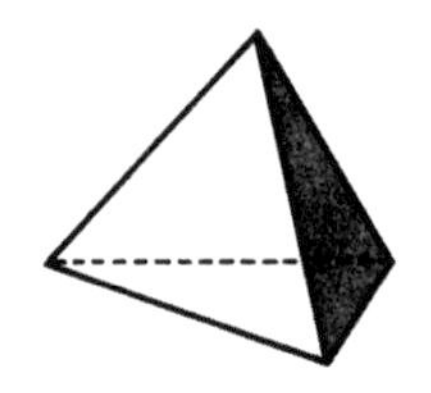

(a) 請以最少的顏色爲四面體著色，使相鄰兩面的顏色不同。

(b) 請證明四面體解釋了定理5所需的假設，即：至少要有五個區域。

28. 延續第26題，八面體是由8個三角形的面所構成，每四個面接在一個頂點上：

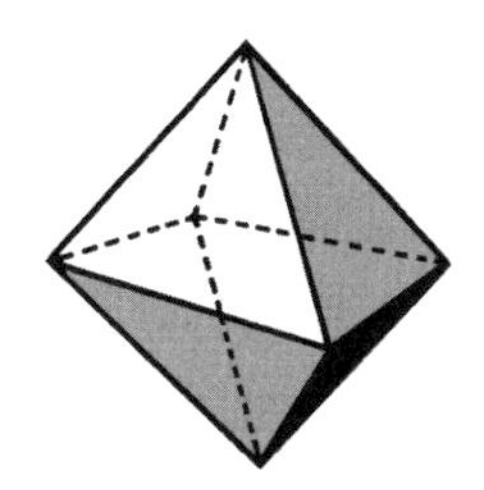

(a) 請以最少的顏色爲它著色。

(b) 請證明八面體說明了定理3。

29. 請在紙上畫12個直徑相同（至少3英寸）的圓，並且把它們剪下來。每個圓裡畫個內接的正五邊形，如圖：

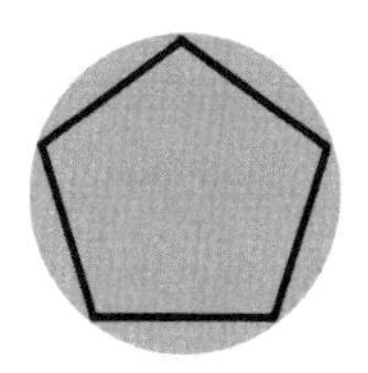

將五邊形的五條邊摺一下，塗上膠水，然後把每3個五邊形黏在一起，讓它們共用一個頂點，12個五邊形便可以做成一個十二面體。

(a) 請證明十二面體不能用雙色著色。

(b) 請證明十二面體不能用三色來著色。

(c) 請用四種顏色塗塗看。

30. 本題的做法與第29題類似。得到20個畫上正三角形的圓之後，再沿邊長摺出正三角形。然後把每5個三角形黏在一起，讓它們共用一個頂點，20個三角形便可以做成一個二十面體。

(a) 請證明這個二十面體不能以雙色來著色。

(b) 什麼定理可保證我們能以三色來著色？

(c) 請用三種顏色塗塗看。

31. 假設球面上有張地圖，所有頂點的次數都是b，而且所有區域的邊線數都是a。

(a) 請證明 $bV = 2E = aR$。

(b) 由(a)與方程式 $V - E + R = 2$，推演出 $(2/a + 2/b - 1)E = 2$。

32. 延續第31題(b)，令a與b均爲正整數，每個都不小於3，請問「$1/a + 1/b$ 大於 $1/2$」這項陳述成立的機會有多大？

33. 第26題到第30題所描述的立體結構，稱爲「正多面體」，是指多面體中，所有面的邊數相同（至少三），而且所有頂點的次數相同（至少三）。各個面倒不一定要全等，雖然希臘人有各面全等的假設條件。請證明歐幾里得時代的幾何學家就已經知道的一件事：「只有五種正多面體」。（提示：見第31題與第32題。）

34. 我們可以從一個多面體做出新的多面體，方法如下：找出每一面的中心點，形成新多面體的頂點。把舊多面體相鄰兩面的中心點連接起來，成爲新多面體的邊線。若舊多面體是(a)立方體、(b)八面體、(c)十二面體、(d)二十面體、(e)四面體、(f)正多面體，則新多面體各是哪一種？

35. 請畫一張含有幾個區域的地圖，但其中一個區域與我們的假設衝突，就是它裡面有個洞。請儘可能用最少的顏色爲它著色。

36. 延續第35題：

(a) 利用五色定理，證明即使某個區域裡有幾個洞（就好像是被這個區域包圍住的一些小島)，我們還是能用五色爲球面上的這種地圖著色。(提示：一個有洞的區域，可以區分成兩個較簡單的著色問題：一是該區域與這些洞的著色問題，一個是原本的區域著色問題。)

(b) 與(a)的問題相同，但允許兩個區域有洞。

37. 請證明定理6，即三色定理。再將證明過程調整，看能否證明五色定理。

38. 在一個圓盤邊緣選e個點，e是偶數。然後在盤子上畫出e/2條不相交的曲線，曲線的兩端都在點上。例如當e = 10時，我們可得到下面這個圖，這些曲線把盤子分成e/2 + 1區。請證明它們可以用雙色著色。

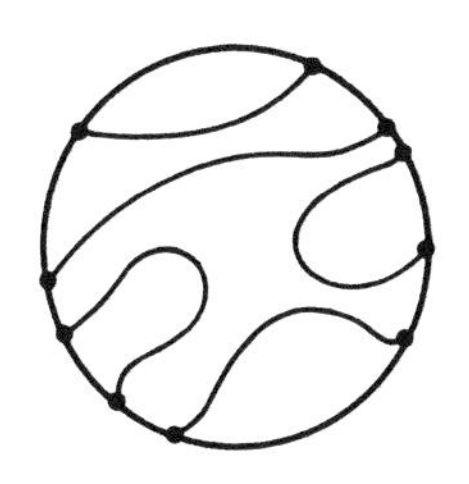

39. 球面上有個正則地圖，它的邊線與頂點形成一個像第7章討論過的公路系統。請證明：若這個公路系統有推銷員路線，讓他能拜訪每個頂點一次，然後回到出發點，則這張地圖能以四色著色。(提示：他的路線把表面分成兩部分，每一部分都能扭曲成第38題裡的圓盤。)

40. 在裁縫的眼裡，內管就像這個樣子：

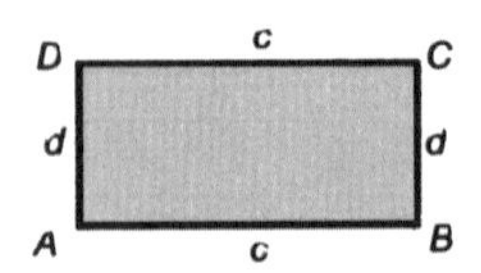

如果把兩個標著c的邊縫在一起，讓A與D相連、B與C相連，就成爲一個管子。然後再把標著d的邊，也就是管子的兩端縫起來，就是一個內管了。這種形式讓我們可以把內管的表面展開成一個平面。

請檢查下面這個圖形，它是裁縫畫在一塊內管布樣上的圖，代表內管表面的七個區域，每個區域都與其他六區共用一條邊線。

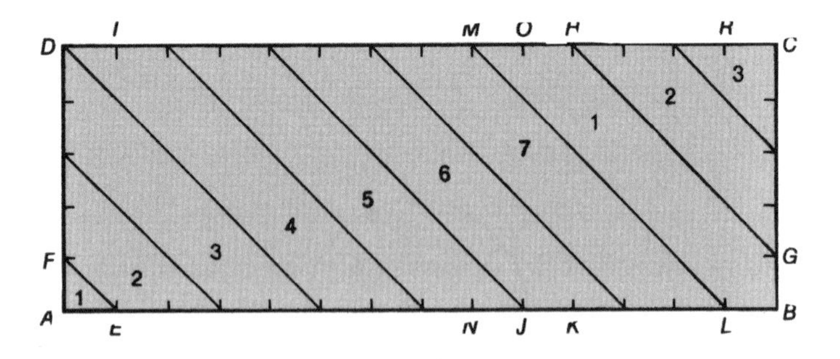

例如，1區與2區相接於EF與GH，與3區相接於LB = RC，與4區相接於AE = DI，與5區相接於MO = NJ，與6區相接於JK =

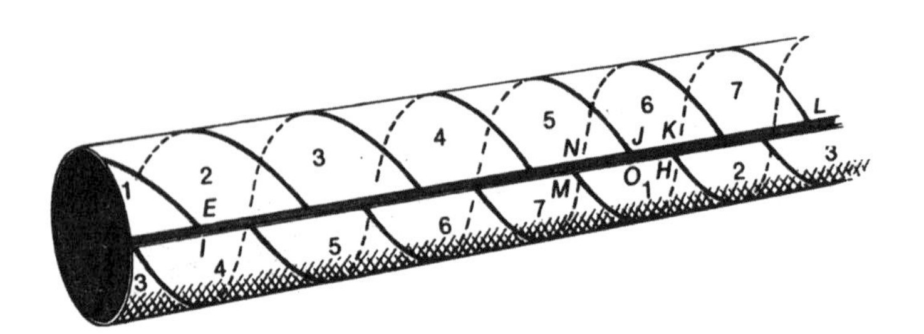

OH，與7區相接於LM。當AB與CD縫在一起，這個圖樣就變成一根管子了。這張地圖是昂加爾（P. Ungar）在1953提出的。若地圖是畫在內管上，則每一區會扭曲成這個樣子：

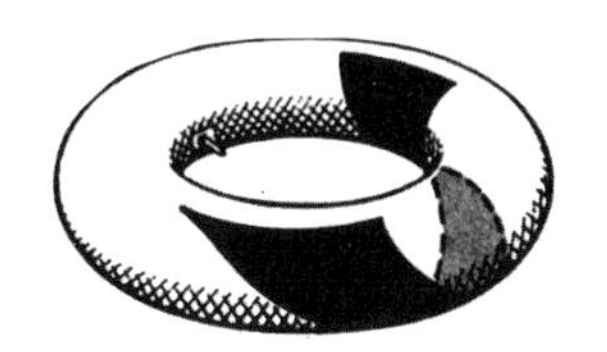

41. (a) 爲何第40題的地圖需要七種顏色？

    (b) 請把第40題的地圖畫在一個充氣的內管上。首先在內管上畫個圓，如下圖所示，然後在圓上標出十四個等距離的點做爲參考點。

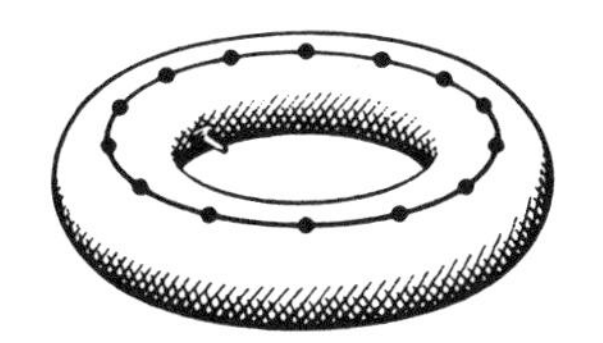

42. 請證明第40題的地圖裡，$V - E + R = 0$。
43. 假設任何覆蓋內管表面的地圖都符合$V - E + R = 0$。儘可能順著引理5的推理過程，請證明任何內管表面的地圖，若每個頂點的次數都是3，則必定有個區域，邊線不多於六條。
44. 延續第43題，請證明任何內管表面的地圖，若頂點的次數都是3，則一定有個區域至少有六條邊線。
45. 請研究這個問題：若內管表面的地圖，每個頂點都是偶數次數，可用雙色來著色嗎？
46. 請研究下頁畫出來的十一個步驟。如果在一個很有彈性的內管壁上有個洞，則它的內表面可以完全翻到外面來。

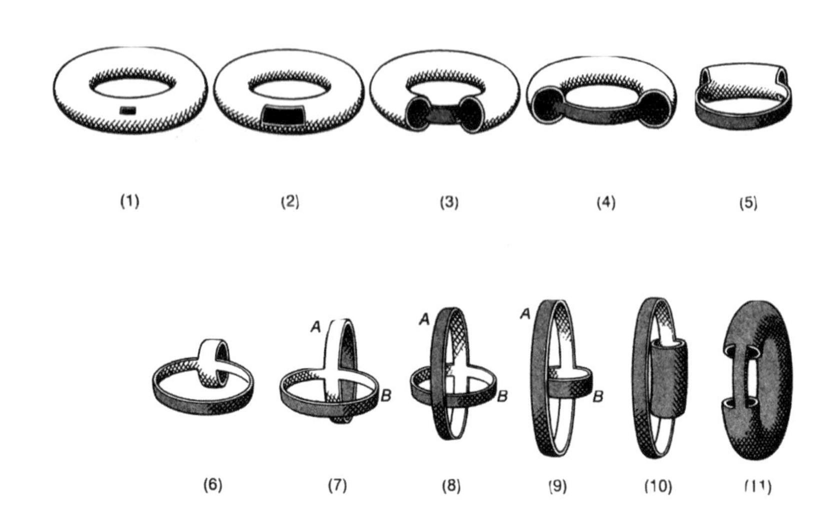

從(1)到(7)，我們把內管收縮。從(7)到(8)，我們把A環的內面翻出來，但沒有動到環的任何部分（如果你利用一個紙環或一條皮帶來代表A環，將發現這點很容易做到）。從(8)到(9)，我們收縮B環。從(9)到(11)，我們讓管壁再度伸展。請比較(11)和(3)，可以看出我們已經把管子的內面翻出來了。（這道練習題與著色問題無關。）請各位用紙與膠水做(7)，然後利用它來示範關鍵性的(7)、(8)兩個步驟。

47. 請證明球面上的地圖，若沒有任何頂點的次數是2，則它必定至少有個區域有五條或較少的邊線。（見第16題）

48. 我們假設，符合定理3的地圖，所有的邊線都是直線。

(a) 請在每個區域與海洋上各放一座燈塔，但沒有燈塔位在任何邊線的延伸直線上。

(b) 假設燈塔的燈在旋轉時，永遠只射出一道光束。

(c) 請證明某個燈塔的光束，永遠只穿越偶數條邊線，或奇數條邊線，不管它通過頂點多少次。

(d) 怎麼利用這種燈塔現象來證明定理3呢（至少當邊線是直線時）？

✎ ✎

49. 1880年，泰特（Tait）提出一種「四色地圖問題的簡單解法」。我們把泰特的做法寫在下面的(a)、(b)之中，看他怎麼爲正則地圖著色。

(a) 把交會於每個頂點的三條邊線分別標上1、2、3。

(b) 首先用顏色A爲一個區域著色，接著依照下列規則，以A、B、C、D四種顏色來塗每個區域：在邊線1的兩側區域，塗A與B或C與D；在邊線2的兩側，塗A與C或B與D；在邊線3的兩側，塗A與D或B與C。

(c) 請畫一張地圖，使每個頂點的次數都是3。泰特的技巧能用在你的地圖嗎（包括海洋）？（請參考第50題）。

(d) 若泰特的技巧永遠適用，請證明：任何球面上的地圖（不管正則與否）。都能用四色或更少的顏色來著色。

50. 很遺憾，泰特認爲所有邊線都能像第49題(a)所描述的那樣標上號碼，事實不然。請證明：若一個正則地圖能用A、B、C、D四色來著色，則所有邊線都能編上1、2、3，而且在每個頂點上都有1、2、3的邊線。（提示：可應用第49題(b)的規則，但必須反過來運用。也請各位比較第49題與第50題，請證明：替正則地圖的邊線著色，如第49題(a)，就是四色問題。）

51. 一個平坦的小島上有100個鎮。有些成對的鎮有公路直接相連；我們稱這種鎮爲相鄰。有些鎮會有兩條以上的道路相會，但道路絕不會在鎮外相交。現在有五種服務：醫院、圖書館、廣播電台、報紙與學校，請證明每個鎮正好都可提供其中一種服務，而相鄰的兩個鎮不會提供相同的服務。

52. 公元1879年，坎普（A. B. Kempe）在他那一篇有瑕疵的四色定理證明的論文裡提到：「如果我們在地圖上放一張透明紙，然後在紙上為每個區域標上一點。把兩個共用一條邊線的區域上的點連接起來，形成鏈結。那麼我們在透明紙上就會有一張由鏈結構成的圖，這與我們所研究的問題相當類似。我們用字母標出鏈結圖上的點，使接在同一條線上的兩個點有不同的字母，而且使用的字母愈少愈好。」

在我們的詞彙裡，這種鏈結線構成的圖，就是由公路與城鎮構成的公路系統。讓我們做個類似的公路系統，甚至允許鏈結線上有橋，讓我們想把多少個城鎮連在一起都沒問題（坎普的鏈結線中並沒有橋）。請畫一張有八座城鎮的鏈結圖，讓兩兩城鎮互相鏈結。顯然，這個鏈結圖無法用少於八種顏色來著色（也就是無法用少於八個字母來標示城鎮）。

53. 延續第52題，在一張鏈結圖裡，我們可定義所謂的「n檻」（n–cage）系統，n為自然數。此系統由n座城鎮組成，分別命名為A_1、A_2、…、A_n，這n個城鎮兩兩之間的連絡道路都是由鏈結線構成的，而且連絡道路都不相交會。至於連絡道路還會通過多少座其他不屬於n檻系統的城鎮，我們並不在意。因此，次頁的圖(a)是2檻地圖，只有一條連絡道路；圖(b)是3檻地圖，有三條連絡道路；圖(c)是4檻地圖，有六條連絡道路；圖(d)是5檻地圖，有十條連絡道路。（注意在圖(d)裡，因為有橋，由A_3到A_5的連絡道路不會與A_2到A_4的連絡道路相交。）請證明：如果鏈

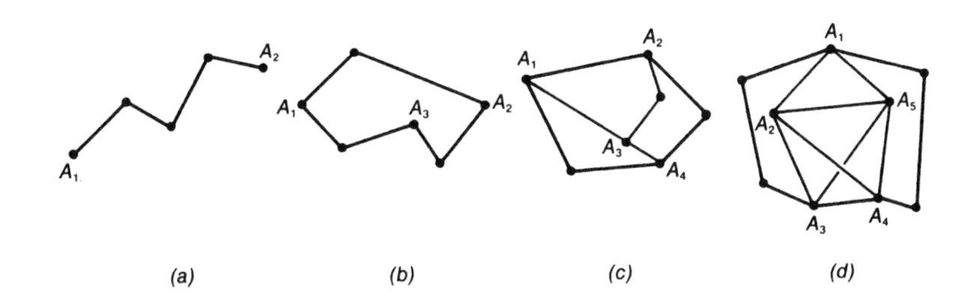

結圖裡沒有2檻系統，則鏈結圖裡的所有城鎮皆能以單色來著色。（提示：你可以證明這裡完全沒有公路系統。）

54. 延續第53題，如果鏈結圖中並沒有3檻系統，則城鎮能以雙色來著色。（提示：你首先得證明，這種鏈結圖是樹狀系統。）

55. 延續第53題及第54題，物理學家狄拉克（Paul Dirac, 1902–1984）在1952年曾證明，若鏈結圖裡沒有4檻系統，則城鎮能以三色來著色。請畫一張有個3檻系統、但沒有任何4檻系統的地圖，來檢查狄拉克的定理。

56. 延續第53題、第54題與第55題：
    (a) 做幾個實驗，證明能畫在平面上而不必利用橋的鏈結圖，不存在5檻系統。
    (b) 你希望哪個定理成立，是第53題的定理，或是第54題的定理，還是第55題的定理？
    (c) 為什麼這樣一個定理，可證明島上地圖或球面地圖的四色定理？

57. (a) 請畫一張每個頂點的次數都是3的地圖。
    (b) 在每個頂點標出1或者–1，使得你沿著每個區域的邊線走時，碰到的頂點次數之和為3的倍數。
    (c) 把1用順時針圓圈取代，而–1用逆時針圓圈取代。

(d) 請利用定理6 非正式證明的技巧，將1、2、3 標示在邊線上，使得交會在頂點的三條邊線，三個數字都有。

(e) 利用第49 題的技巧，用四色爲地圖著色。

沒有人能證明步驟(b)永遠都能達成。

58. 在每一個城鎮旁邊，像14 章討論過的那樣，定一個1、2、3、4、5、6 的自然數排列。若兩個城鎮之間只相差一次交換，我們稱此二座城鎮爲相鄰。請問你可以用A 或B 來標示每個城鎮，使得相鄰城鎮有不同的標示嗎？

59. 在球面上無法畫出5 檻系統（依第53 題的定義）的鏈結圖，我們把證明過程概述於下。想像我們把球面分成R 區，有E 條邊線及V 個頂點：

(a) 請證明$V = 5$，$E = 10$，因此$R = 7$。

(b) 請證明每個區域至少有3 條邊線。

(c) 由(b)及$R = 7$，請推導出E 至少爲21/2。

(d) 由(a)與(c)，請找出矛盾。

60. (a) 你能用四種顏色爲球面上地圖的80% 著色，而使相鄰兩個塗了色的區域顏色不同嗎？

(b) 你能用三種顏色爲球面上地圖的75% 著色，而使相鄰兩個塗了色的區域顏色不同嗎？

61. (a) 在球面地圖的區域中，你能挑出至少五分之一的區域，彼此不相鄰的嗎？

(b) 在球面地圖的區域中，你能挑出至少四分之一的區域，彼此不相鄰的嗎？

延伸閱讀

[1] R. L. Brooks, On colouring the nodes of a network, *Proceedings of the Cambridge Philosophical Society*, vol. 37, 1941, pp. 194–197.

[2] K. O. May, The origin of the four-color problem, *Proceedings of the Cambridge Philosophical Society*, vol. 56, 1965, pp. 346–348.

[3] O. Ore, *The Four-color Problem*, Academic, New York, 1967.

[4] Four-Color Proof, *New York Times*, September 24, 1976, Section A, p.24.

[5] Puzzle On Map Conjecture: Color It Solved, *New York Times*, September 26, 1976, Section IV, p.5.

[6] Kenneth Appel and Wolfgang Haken, The Solution of the Four–Color–Map Problem, *Scientific American*, vol.237, October 1977, pp.108–121.

[7] Kenneth Appel and Wolfgang Haken, *The Four-Color Problem, in Mathematics Today*, Ed. Lynn Arthur Steen, Vintage Books, New York, 1980, pp.153-180.

[8] G. A. Dirac, A property of 4-chromatic graphs and some remarks on critical graphs, *Journal of the London Mathematical Society*, vol. 27, 1952, pp. 85-92.

第16章 數的種類

Mathematics

「$\sqrt{2}$不是有理數」這項發現，讓我們把數分成兩類，即有理數與無理數，就好像自然數可以分爲奇數與偶數。本章將引進一種更深奧的二元性，若就很精確的意義來說，這種二元性甚至把有理數與無理數的二元性更進一步推廣了。

此外，我們不得不介紹複數（complex number），這種數通常不能對應到數線上的點；前面十五章裡所用的數，都能對應到數線上的點，這種數稱爲實數（real number）。

附帶一提，有關複數的部分，與本章其他的內容無關，所以你可以單獨閱讀。

關於$\sqrt{2}$不是兩個自然數的商，這件事我們可以換一種說法：在

方程式

$$X^2 = 2$$

當中，我們找不到一個有理數M/N代入X，使得該方程式成立。如果把X看成可停放「數」（而不是車子）的地方，我們就可以說，不管哪一個有理數停放在X的位置，都不能使上面這個陳述正確。但是如果我們把$\sqrt{2}$（或$-\sqrt{2}$）代入X，這個敘述就對了。

我們把上面的陳述總結成這樣的說法：方程式$X^2 = 2$有兩個根（root），分別是$\sqrt{2}$與$-\sqrt{2}$，兩數都不是有理數。寫方程式時，通常我們習慣在等號的右邊寫個0，因此可以再說成，方程式$X^2 - 2 = 0$有兩個不是有理數的根。

我們可以考慮比較簡單的方程式，當中只有X，而沒有X^2，例如下面這個方程式：

$$3X - 4 = 0$$

無論用哪一個整數代入X，方程式都不對，這是因爲3不能整除4。但如果我們用$\frac{4}{3}$代入X，方程式就成立了：

$$3(\frac{4}{3}) - 4 = 0$$

因此，$\frac{4}{3}$是方程式$3X - 4 = 0$的根。這個方程式只有一個根，而且這個根還是個有理數。

每當我們處理$AX + B = 0$（其中A與B都是整數，且A不爲0）這種形式的方程式時，總找得到一個有理數根。事實上，這種方程式只有一個根，就是$-\frac{B}{A}$。但是像$AX^2 + B = 0$這種形式的方程式，例如前面所處理的$X^2 - 2 = 0$，可能就只找得到無理數根了。

但是如果X^2與X同時出現在一個方程式裡，情況會怎樣？例如下面這個方程式：

$$X^2 + 6X + 9 = 0 \quad (1)$$

我們能找出這種方程式的根嗎？首先，這個方程式改寫成：

$$(X + 3)^2 = 0 \quad (2)$$

因爲$(X + 3)(X + 3) = X^2 + 6X + 9$。（相關的運算請參閱第II冊的附錄C。）

平方是0的數只有一個，就是0，因此能代入方程式(2)的X、並使方程式成立的，就只有-3，所以方程式(1)只有一個根，就是-3。我們可以驗算一下：把方程式(1)的X用-3代入，就會得到$(-3)^2 + 6(-3) + 9 = 0$，方程式成立。

我們再來求下列方程式的根：

$$X^2 + 6X + 2 = 0 \quad (3)$$

這個方程式與(1)式的形式相同。你可以試著把不同的數代進去，看看是否讓式子成立。

但是爲了不要使搜尋變得漫無目的，我們先在等號的兩邊各加9，使方程式(3)與方程式(1)相似，這樣比較容易。加完9之後，我們會得到

$$X^2 + 6X + 9 + 2 = 9$$

或

$$(X + 3)^2 + 2 = 9$$

等號兩邊都減掉2，可得

$$(X + 3)^2 = 7$$

若R是方程式(3)的根，則$(R + 3)^2$必定是7；換言之，

$$R + 3 = \sqrt{7}$$

或

$$R + 3 = -\sqrt{7}$$

各位可以檢查一下，上面這兩個式子就是在告訴我們，方程式(3)的根分別是$-3+\sqrt{7}$與$-3-\sqrt{7}$。

接下來，我們要考慮$AX^3+BX^2+CX+D=0$這種形式的方程式，其中的A、B、C、D都是實數。這裡開始出現X^3。我們想問的問題就像：

$$8X^3-12X^2-2X+3=0 \qquad (4)$$

這個方程式有根嗎？

現在，我們要找個數R，使得$8R^3-12R^2-2R+3$會等於0。我們先猜猜幾個值，例如-2、-1、0、1、2與3。首先用-2代入方程式(4)的X，就得到

$$8(-2)^3-12(-2)^2-2(-2)+3$$

等於

$$-64-48+4+3$$

也就等於-105。因此，-2不是(4)式的根。繼續把其他的值代入方程式(4)，會得到下表：

X	$8X^3-12X^2-2X+3$
-2	-105
-1	-15
0	3
1	-3
2	15
3	105

請注意，當X以3或更大的數代入時，$8X^3-12X^2-2X+3$會變成很大的正值，因爲在此時，X^3要比X^2與X大很多。同樣的，當X

用數值很大的負數代入時，$8X^3-12X^2-2X+3$ 會變成值很大的負數。

我們把上面的觀察畫成下面這個看得見的曲線：

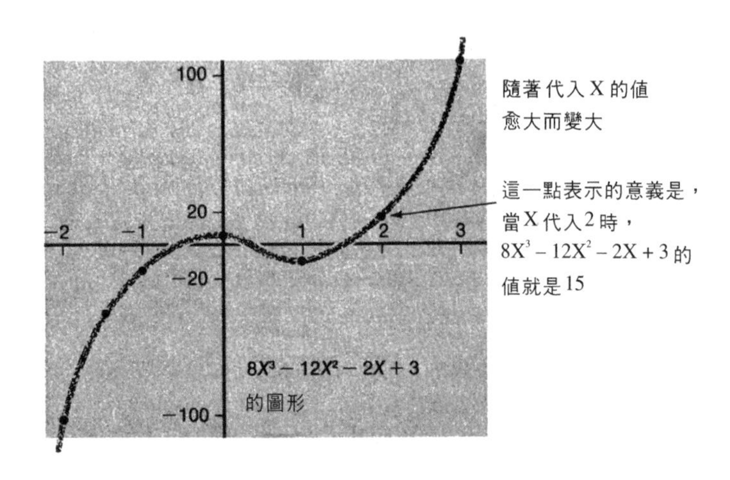

當X的值由左邊的負數變到右邊的正數時，圖上的曲線至少有一點會通過實數軸；也就是說，至少有一點能使$8X^3-12X^2-2X+3$的值爲0。（對照著圖來看，你可以看到這個方程式事實上有三個根，分別是$-\frac{1}{2}$、$\frac{1}{2}$及$\frac{3}{2}$。）

同樣的推論證明了定理1。

定理1：設A、B、C與D都是實數，且$A \neq 0$，則具有$AX^3+BX^2+CX+D=0$這種形式的任何方程式，最少有一個實數根。

有時候，像定理1所描述的那種方程式，正好只有一個實根。例如方程式$X^3=0$，就只有一個實根：即$X=0$。

在繼續討論下去之前，最好先定義幾個名詞。像$3X-4$、X^2+X+1、X^3-2X^2+X-2與X^5+5X-5等式子，都叫做「多項式」（polynomial）。

一個多項式，是形式均爲SX^n的每一項的和，其中S爲實數，而n爲自然數。S稱爲X^n的係數（coefficient），若S爲1，例如$1X^5$，我們就只寫成X^5。對應到係數不爲0的最大的n，稱爲這個多項式的次數（degree）；換句話說，就是多項式最左邊的那一項。因此，次數爲0的多項式就是SX^0，其中S不爲0；我們把這種多項式簡寫成S，例如$5X^0$就寫成5。所有係數都爲0的多項式，稱爲零多項式（zero polynomial），寫成0，我們並沒有爲這種多項式指定次數。此外，$5X+4$是一次多項式，而$6X^{10}-5X+2$是十次多項式。

我們可以像整數的運算那樣，把多項式相加、相減、相乘或相除。首先說明加法。例如：

$$(6X^2+1)+(-5X^2+X+7)=X^2+X+8$$

而多項式的乘法運算，就像自然數的乘法一樣，每次乘一項，再把它們加起來。例如計算$(7X+3)(8X^2-5X+2)$這個乘積：

$$\begin{array}{rrrrl}
 & 8X^2 & -\ 5X & +\ 2 & \\
\times & & 7X & +\ 3 & \\
\hline
 & 24X^2 & -\ 15X & +\ 6 & \text{來自「3」} \\
56X^3 & -\ 35X^2 & +\ 14X & & \text{來自「7X」} \\
\hline
56X^3 & -\ 11X^2 & -\ X & +\ 6 & \text{乘積}
\end{array}$$

再來我們要說明用X^2-3X+1除X^4+6X^3-1（也等於$X^4+6X^3+0X^2+0X-1$）的運算過程，試著求出商與餘式。我們寫成下面這樣子的「長除法」：

$$
\begin{array}{rll}
 & X^2 + 9X + 26 & \text{商} \\
X^2 - 3X + 1 & \overline{)\,X^4 + 6X^3 + 0X^2 + 0X - 1} & \\
 & \underline{X^4 - 3X^3 + X^2} & \\
 & 9X^3 - X^2 + 0X & \\
 & \underline{9X^3 - 27X^2 + 9X} & \\
 & 26X^2 - 9X - 1 & \\
 & \underline{26X^2 - 78X + 26} & \\
 & 69X - 27 & \text{餘式}
\end{array}
$$

正如我們常用的算術，除法的結果也可以用乘法來驗算。你可以自行驗證出

$$X^4 + 6X^3 - 1 = (X^2 + 9X + 26)(X^2 - 3X + 1) + (69X - 27)$$

用於整數算術的一些語彙，如「因數」、「倍數」與「因數分解」，也同樣適用於多項式的運算，變成「因式」、「倍式」及「因式分解」，在這裡我不打算為此多費唇舌。

現在，我要再引進一個名詞。倘若P是一個n次多項式，則P = 0這種形式的方程式，就稱為n次方程式（equation of degree n）。例如，我們可以說定理1與三次方程式有關。

證明定理1的推論，也可以用來證明定理2。

定理2：奇數次的任何一個方程式都至少有一個實數根。

鑒於奇數與偶數經常存在著對比，我們可以預期下面的結果：

定理3：對大於0的任意偶數n，有一個沒有實數根的n次方程式。

證明：對任意實數a，不論正或負，a^2、a^4、a^6、……永遠不會是負

數。因此當n是偶數時，方程式$X^n + 1 = 0$永遠沒有實數根。

假設P爲係數是整數（不全是0）的多項式，而且如果一個實數是方程式$P = 0$的根，我們就稱這種實數爲「代數數」（algebraic number），因爲這種數滿足代數的規則。定義中要求多項式的係數必須是整數，這一點很重要，否則所有的實數都會是代數數，因爲任何一個實數a都是方程式$X + (-a) = 0$的根。

例如，$\frac{4}{3}$是代數數，因爲它是方程式$4X - 3 = 0$的根；同樣的，$\sqrt{2}$也是代數數，它是$X^2 - 2 = 0$的根；而$-3 + \sqrt{7}$也是代數數，由前面的討論，我們知道它是$X^2 + 6X + 2 = 0$的根。顯然，有理數只是一種特別的代數數，也就是一次方程式的根。

至於非代數數的實數，則稱爲「超越數」（transcendental number）。談到這裡，你或許已經想到了一個問題：是否每個實數都是代數數，所以根本沒有超越數？也就是說，若給定一個數a，是否一定有一個整數係數的多項式P，而當P裡面的X用a代入時，我們會得到0這個值？這個問題可不簡單。

還記得證明$\sqrt{2}$是無理數有多困難嗎？要證明「$\sqrt{2}$是無理數」，等於是在證明對一個整數係數的一次多項式P，$\sqrt{2}$不是$P = 0$這種形式的方程式的根。要證明一個數是超越數，就必須證明這個數不是形式爲$P = 0$（其中P爲整數係數多項式，而且係數不全是0）的任何方程式的根，不管P的次數多大。

在第18章，我們將證明的確有超越數存在，而證明的過程需要下面這個定理。

定理4：n次方程式最多有n個實數根。

這看起來沒什麼好奇怪的。任何一次方程式都是$AX + B = 0$這種形式，而且只有一個根，就是$-\frac{B}{A}$，而方程式$X^2 + 6X + 9 = 0$有一個根，$X^2 + 6X + 2 = 0$則有兩個根，這些我們已經知道了。此外，方程式$X^2 + 1 = 0$沒有實數根，因爲沒有任何實數的平方等於-1。

定理4的證明要靠下面這個引理。

引理1：若r是$P = 0$的根，則存在一個實數係數的多項式Q，使得$P = Q \cdot (X - r)$。

如果我們先試試一個例子，這個引理的證明就變得比較容易。比方說，2是方程式$3X^2 - 10X + 8 = 0$的一個根，我們接下來就要找一個多項式Q，使得

$$3X^2 - 10X + 8 = Q \cdot (X - 2)$$

這件事的另一種說法則是，我們要找一個多項式Q，使得在用$3X^2 - 10X + 8$減$Q \cdot (X - 2)$時，會得到0。

我們要一步步找這個Q：首先要去掉X^2，接著再消掉X。第一步，我們先消去$3X^2$；拿$3X^2 - 10X + 8$減掉$3X(X - 2)$，就可以辦到了：

$$(3X^2 - 10X + 8) - 3X(X - 2)$$

然後就變成$3X^2 - 10X + 8 - 3X^2 + 6X$，也就是$-4X + 8$。

其次我們要消掉$-4X + 8$裡面的$-4X$，做法是用$-4X + 8$減$-4(X - 2)$，也就是

$$-4X + 8 - (-4)(X - 2)$$

這個式子就成爲$-4X + 8 + 4X - 8$，也就是0。

我們在這個步驟中，不但把$-4X$消掉，同時也把8給消去了！這並不是偶然的，在證明引理1的過程中將會看到。

把上面這些消去過程都集合起來，就得到

$$3X^2-10X+8-3X(X-2)-(-4)(X-2)=0$$

或

$$3X^2-10X+8-(3X-4)(X-2)=0$$

因此

$$3X^2-10X+8=(3X-4)(X-2) \tag{5}$$

我們已經找出Q，也就是$3X-4$。你可以把(5)式的右邊乘起來，看看對不對。不管我們用什麼值代入X，(5)式都成立；例如用3代入X，會得到$5=5$，用2代入X，可得$0=0$，而用$\frac{4}{3}$代入X，又得到$0=0$。

各位可以試試看用相同的方法，找出多項式Q，使得：

$$2X^3-3X^2-X-2=Q\cdot(X-2)$$

（這一回將會有三次的消去過程。）

現在我們開始證明引理1。

證明（引理1）：

設r是$P=0$的一個根。重複做幾次前面討論的相消過程之後，我們可以找到一個多項式Q，使得當我們由多項式P中減掉$Q(X-r)$之後，所有與X有關的項都被消掉。（或者換個說法，我們用「長除法」，拿$X-r$去除多項式P，餘式會是零多項式。）我們要證明的是，這個Q不但消掉了P裡的所有X項，甚至連不含X的項也消掉了，就像前面的例子那樣。

在任何情況下，一定有個實數s，使得

$$P - Q \cdot (X - r) = s \tag{6}$$

我們現在要證明$s = 0$。這裡首先用到「r是$P = 0$的一個根」這項事實。先把r代入P、Q兩多項式及$X - r$裡的每一個X。因爲不論我們用任何實數代入(6)式裡的X，(6)式都成立，因此用r代入時，(6)式亦成立；而當X用r代入時，P的值是0，Q則得到某個值，令它爲q，而$X - r$會變成$r - r$，也等於0。因此，(6)式最後就變成

$$0 - (q \cdot 0) = s$$

因此，$s = 0$，正如我們所希望的。故引理得證。

我們現在可以開始證明定理4了。

證明（定理4）：對於一次方程式，定理4顯然爲眞。

現在考慮二次方程式。如果方程式$P = 0$沒有根，那麼定理4對這個方程式當然爲眞。相反的，如果$P = 0$有根，並假設r是其中一個根，那麼根據引理1，就存在一個多項式Q，能使得$P = Q \cdot (X - r)$。因爲P是二次的，所以Q必定是一次的。

現在，令r'是方程式$P = 0$的另一個根，且與r不同；也就是說，當r'代入多項式裡的X時，會得到$P = 0$。現在如果用r'代入Q的所有X，則令Q的值會等於q。我們要來證明$q = 0$。

當r'代入P、Q以及$X - r$裡的X時，方程式

$$P = Q \cdot (X - r)$$

會變成

$$0 = q \cdot (r' - r)$$

由於r'不等於r，因此$r' - r$不會是0，但是$q \cdot (r' - r)$是0，因此

q必定是0；也就是說，r'是方程式$Q = 0$的一個根。因此，方程式$P = 0$的每一個根，就算不是r，也是方程式$Q = 0$的根。但因爲Q是一次多項式，$Q = 0$只有一個根，因此方程式$P = 0$最多只有兩個根，故證明了定理4對二次方程式成立。

如果$P = 0$是個三次方程式，推理的過程類似，而且利用到「二次方程式最多只有兩個根」的事實。說得詳細些，如果r是方程式$P = 0$的根，那麼根據引理1，就存在一個多項式Q（這次是二次的），使得$P = Q \cdot (X - r)$。

就像前面討論過的情形，我們能證明若r'也是$P = 0$的一個根，而與r不同，則r'必定也是方程式$Q = 0$的根。因爲我們已經證明，方程式$Q = 0$最多有兩個根，也就可以推論出方程式$P = 0$最多只能有三個根。應用相同的推論，一步一步討論四次、五次、六次、……的方程式，就可以證明定理4成立。

定理4告訴我們，方程式$P = 0$的根只會是有限多個，而定理3卻告訴我們，有些方程式根本就沒有任何實數根，例如方程式$X^2 + 2 = 0$就沒有根。這種情形很不方便，因爲這種方程式常出現在平時的數學計算裡，而在物理的實際應用上也很常見。如果這類方程式也有根，讓我們也能像一般算術裡的數那像運算，會非常有幫助。

我們現在要建構一個新的數學系統，在這個系統裡，每個方程式至少都會有一個根。在這種人爲的結構裡，會有一種運算$\oplus$，很像傳統的加法，以及另外一種運算$\otimes$，也很像傳統的乘法。這兩種運算應該能滿足第II冊第11章及附錄C裡強調的幾項規則。其中幾種比較重要的是：

$$\left.\begin{array}{l} X \oplus Y = Y \oplus X \\ X \otimes Y = Y \otimes X \end{array}\right\} \text{交換律}$$

$$\left.\begin{array}{l} X \oplus (Y \oplus Z) = (X \oplus Y) \oplus Z \\ X \otimes (Y \otimes Z) = (X \otimes Y) \otimes Z \end{array}\right\} \text{結合律}$$

以及與 $\otimes$ 與 $\oplus$ 同時有關的規則：

$$X \otimes (Y \oplus Z) = (X \otimes Y) \oplus (X \otimes Z) \quad \text{分配律}$$

早在十六世紀就有人認爲可以建構這種系統，但直到十九世紀初，大家才接受這種系統，成爲正統數學的一部分。

在這個系統裡，所有的方程式都有根，包括方程式$X^2 + 1 = 0$；我們現在就來定義這種結構。這個系統是建構在平面上的，不像一般的算術，不論乘法加法，都建構在直線上。（前面提過，實數包含超越數與代數數，代數數又包含有理數，有理數又包含整數。我們現在建構的數字系統將包含全部的實數。）我們並不是想把 $\oplus$ 與 $\otimes$ 定義背後的歷史挖出來，只是想說明，這些定義提供了一個有用的數學系統。

直到十六世紀，許多數學家還認爲所有的算術運算應該局限在數線右半段，也就是0的右邊，如果有個方程式的根正好是負值，他們就稱之爲「虛構的」，並把它捨棄。但到了今天，我們對負數的熟悉程度與對正數完全相同，就像我們習慣了零度以下的溫度計讀數一樣。如果你懷疑加法與乘法是否能在平面上順暢運作，應該回想一下這段歷史過程。

$X \oplus Y$的加法定義：若X與Y是平面上任意兩點，$X \oplus Y$就定義爲由0X及0Y兩邊所構成平行四邊形的第四個頂點。

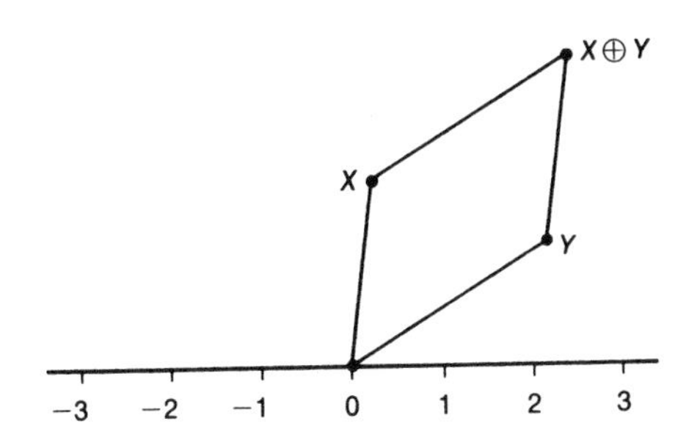

由於由0、X與Y三點所決定的平行四邊形，和0、Y與X所構成的平行四邊形相同，因此X ⊕ Y = Y ⊕ X。但對於平面上的三個點X、Y、Z，X ⊕(Y ⊕Z) = (X ⊕ Y) ⊕Z是否成立，就沒有那麼顯而易見了。你不妨畫幾個平行四邊形（共計四個），檢查看看⊕對於給定的一組X、Y與Z是否滿足結合律；你將很開心的發現，X ⊕(Y ⊕ Z)與(X ⊕ Y) ⊕Z是同一個點。

如果0、X與Y三點正好在同一直線上，則對應的平行四邊形會扁下來，而第四個頂點也會與0、X、Y在同一直線上；例如，2 ⊕ 1 = 3，而4 ⊕(−4) = 0，各位不妨檢查看看。此外你也將發現（可畫幾個圖），若X與Y正好在實數線上，則X ⊕Y與X + Y恰好是同一個點。因此，⊕這種運算可以看成是把普通的加法擴充到平面，或者說，一般的加法只是⊕這種定義在整個平面上的新運算的一小部分。

接著，我們來定義這個新結構的另一半，運算符號⊗。首先我們發現，平面上的任意一點X（不為0），會決定一個如下圖所示的角，角度是從正實數的射線逆時鐘旋轉來度量：

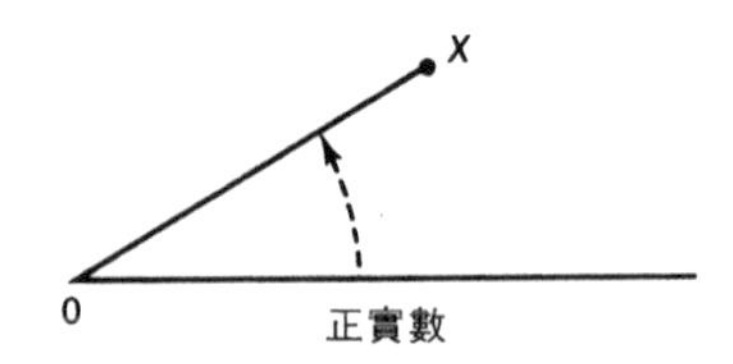

特別是在通過0的鉛直線上的點，這些點當中，在0上方的是90°。此外，每一個負的實數都是180°，每個正實數的角度都是0°，而在0正下方的點，角度爲270°，如下圖所示：

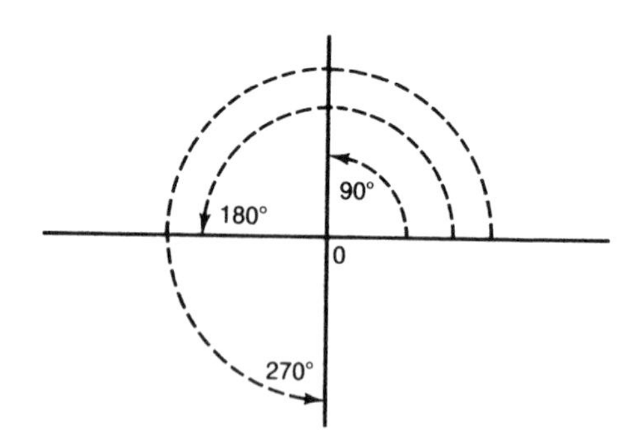

當然，如果在任何角度上加360°的整數倍，描述的是相同的角度，因此，以負實數爲例，角度也是540°、900°、1260°，……

如果X與Y是平面上的點，且都不爲0，則X⊗Y就定義爲：

X⊗Y的乘法定義：設X點在一個圓上，圓心是0，半徑是r，則點X決定了一個角A，如次頁左上圖所示。同樣的，Y也是平面上的點，假設距圓心0的距離是s，而且決定了一個角B。接下來就要說明怎麼畫出這個X⊗Y。我們必須知道X⊗Y距0有多

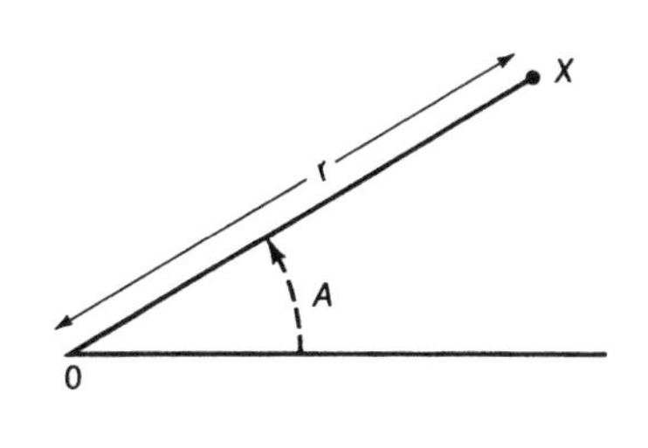

遠，以及是什麼方向。

代表X ⊗Y 的點也位在一個圓上，圓心是0而半徑是r × S（這裡用的是一般的乘法），而決定的角是A + B（這裡用的是一般的加法）。如果X 或Y 正好是0，就定義X ⊗Y 爲0。

你可以檢查得知，代表X ⊗Y 的這個點，是先從Y 對0 旋轉X 的角度，然後放大或縮小一個倍數，這個倍數等於X 的半徑。

我們以下圖爲例，找出X ⊗Y 的結果：

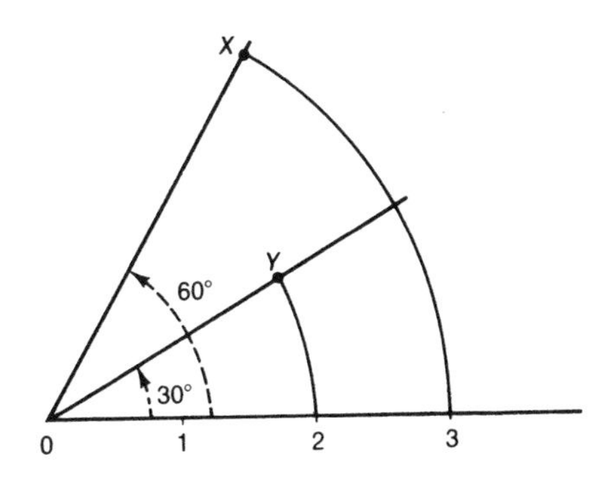

因爲r 是3 而s 是2，所以X ⊗Y 會落在以0 爲圓心、半徑是r × s（或6）的圓上。究竟在圓上的哪一點呢？由於X ⊗Y 的角度是60 ° + 30 °，也就是90 °，因此X ⊗Y 落在通過0 、而垂直於實數線的直線上。如下圖：

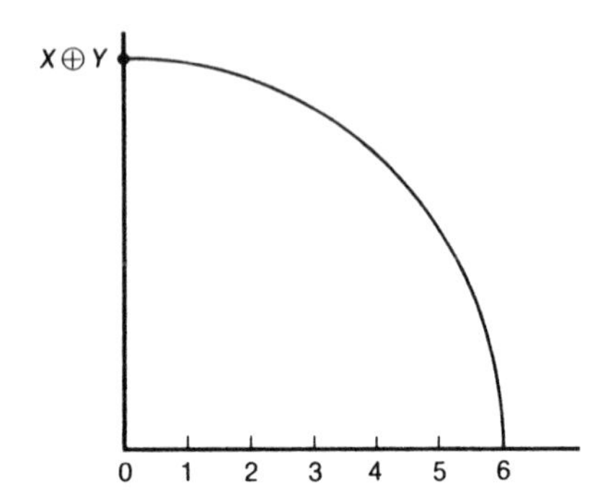

因為傳統乘法滿足交換律（$r \times s = s \times r$），傳統加法也滿足交換律（$A + B = B + A$），所以對平面上任意兩點X與Y，$X \otimes Y = Y \otimes X$。基於相同的理由，對平面上任意三個點，$X \otimes (Y \otimes Z) = (X \otimes Y) \otimes Z$。

其次，我們必須證明，對平面上任意三點X、Y與Z：

$$X \otimes (Y \oplus Z) = (X \otimes Y) \oplus (X \otimes Z)$$

第一步是先證明一種特別的情況，也就是當X在半徑為1的圓上。由於X的半徑r是1，因此對平面上的任何一點X′，$X \otimes X'$及X′與0的距離相等。事實上，$X \otimes X'$是從X′開始對0旋轉X的角度之後所決定的。我們準備把這項事實應用在X′分別為Y、Z或$Y \oplus Z$

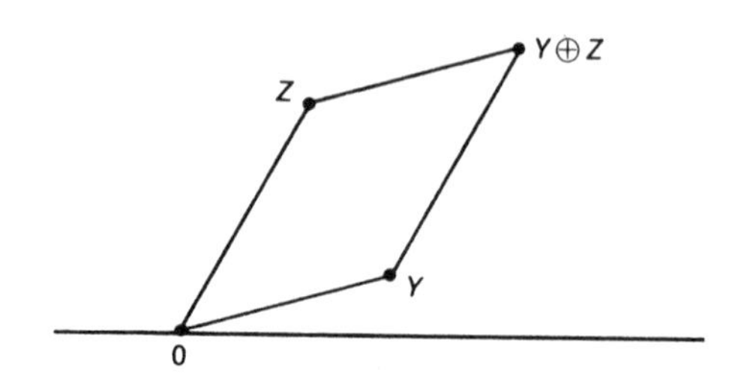

的情形中。

考慮前頁下方那個定義出$Y \oplus Z$的平行四邊形，接著再把整個平行四邊形旋轉X的角度，不管這個角度是多少（如下圖所示）：

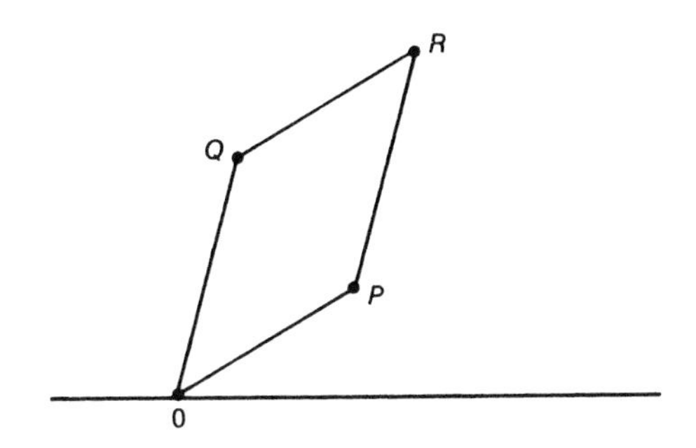

旋轉之後，Y移到P，Z移到Q，而$Y \oplus Z$移到R。因爲我們只考慮X在半徑爲1的圓上，所以

$$P = X \otimes Y \qquad Q = X \otimes Z \qquad R = X \otimes (Y \oplus Z) \tag{7}$$

但檢查平行四邊形0PRQ之後，會發現$R = P \oplus Q$。把這結果與(7)式結合，就得到

$$X \otimes (Y \oplus Z) = (X \otimes Y) \oplus (X \otimes Z) \tag{8}$$

因此證明了X在半徑爲1的圓上時的結合律。

如果X不是在半徑爲1的圓上，我們就必須把平行四邊形0PQR放大（或縮小）到0至X的距離（爲什麼？），而一個平行四邊形放大之後，還是平行四邊形，形狀也與原來的一樣（想想一個投影機把平行四邊形放大的情形），因此，對平面上的任意三點X、Y與Z，(8)式也同樣成立。

正如數線上的加法只是$\oplus$運算的一小部分，數線上的乘法也只是$\otimes$運算的一小部分。我們計算一下$2 \otimes 3$，再與2×3的結果比較看看。顯然，$2 \otimes 3$是落在半徑為6、圓心是0的圓上的點，因為2的角度是0°，3的角度也是0°，因此$2 \otimes 3$的角度是$(0 + 0)°$，也是0°。所以$2 \otimes 3$是6，與2×3的結果一樣。

我們再用$(-1) \otimes (-1)$來檢查一下，看它是否會等於$(-1) \times (-1)$。因為-1落在半徑為1、圓心是0的圓上，因此$(-1) \otimes (-1)$會在半徑為1×1而圓心為0的圓上。再來，$(-1) \otimes (-1)$在圓上的什麼位置呢？由於-1的角度是180°，因此$(-1) \otimes (-1)$的角度是$(180 + 180)°$，也就是360°。因此，$(-1) \otimes (-1)$就是數線上的1；這證明了$(-1) \otimes (-1)$等於$(-1) \times (-1)$。

用同樣的方法，你可以檢查$2 \otimes (-3) = -6$，並證明當X與Y都在實數線上時，$X \otimes Y$就是$X \times Y$。

在平面上建構這個新系統，主要的目的就是要讓那些沒有實根的方程式有根，特別是因為我們希望像$X^2 + 1 = 0$的這種方程式也有根。所以，我們要問的是：平面上有沒有哪一個B點，能使$(B \otimes B) \oplus 1 = 0$？換言之，是否有這麼一個B點，使得$B \otimes B = -1$？

如果有，那麼B點落在半徑多大的圓上？角度又是多少？我們知道-1落在半徑為1的圓上，而角度是180°，或廣義的說是180°+

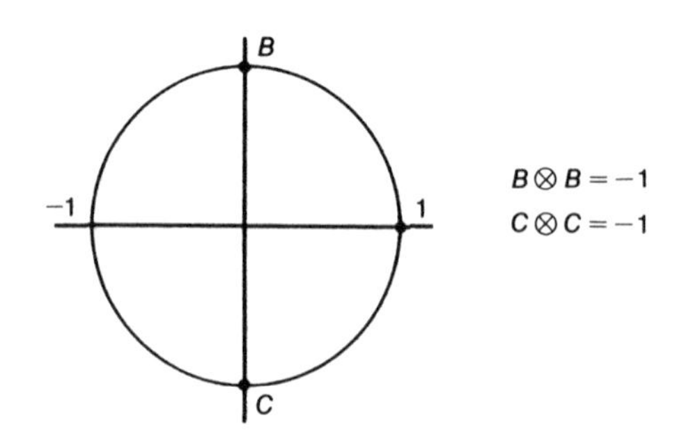

360°的整數倍。因此，若B在半徑爲r的圓上，我們會得到r × r = 1，因此r = 1。其次，B的角度是多少呢？因爲B ⊗ B的角度是B的兩倍，而且已經知道是180°，所以B的角度必爲90°。因此，方程式$X^2 = -1$的其中一個根，會落在前頁下圖所示的0的正上方。

除此之外，你可以算出圖中的C ⊗ C也等於−1。因此在平面上，方程式$X^2 \oplus 1 = 0$至少有兩個根。各位還可以發現，除了這兩個根之外，這個平面上就沒有$X^2 \oplus 1 = 0$其他的根了。

習慣上，我們把B點取名爲i。i這個符號代表imaginary（虛構的），紀念了數學家當初掙脫實數線的束縛，進入神祕的平面領域時的不確定感。這也讓我們聯想到X射線的X，其實就記錄了倫琴在1895年首次發現這種射線時感受到的困惑；當時倫琴對這種射線幾乎不了解，只知道它屬於輻射的一部分，而光與熱是輻射的特例。

爲了讓各位對⊕與⊗這兩種運算符號覺得更自在，我們首先用＋來取代⊕，而用×來取代⊗。畢竟在實數線上，＋與⊕的運算結果相同，而×與⊗也一樣。例如，我們把比較麻煩的3 ⊗ i寫成3 × i，或更簡單的3i。3i在平面上的位置如下圖所示：

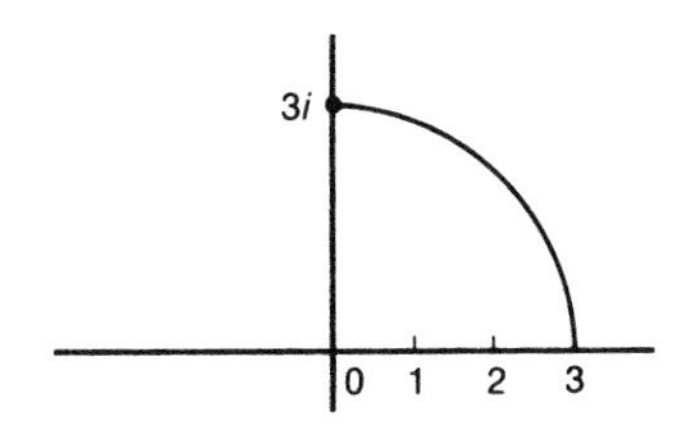

有了這項約定之後，與i有關的觀察就變得很重要。

定理5：方程式$X^2+1=0$有兩個根，分別是i及–i。

方程式$X^5-1=0$在實數線上只有一個根，也就是1，但在平面上卻有五個根，平均分散在半徑爲1的圓上（如圖所示），你可以利用平面上各點的乘法定義，檢查一下這些根。

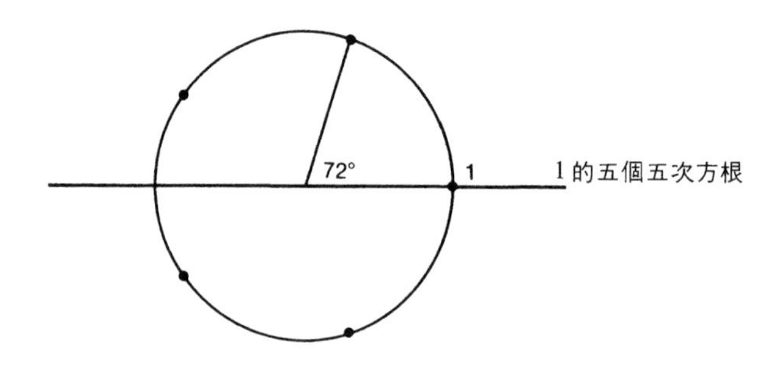

對任何實數b，乘積bi會落在通過0的鉛直線上（若b是正値，則在0的上方，若b是負値則在下方）。依這項觀察，我們可以證明平面上的任何一點P，都可以寫成下面這種形式：

$$a+bi$$

其中a與b都是實數。爲了寫出這種形式，我們只需如下圖所示的那樣，畫出P點所決定的平行四邊形（事實上是長方形）：

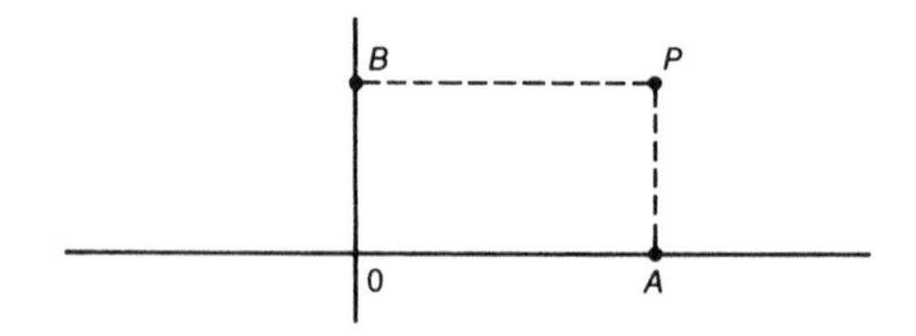

由⊕的定義（我們現在已同意把它寫成＋），可以知道P = A +

B。但A是實數，我們可以稱它為a，而B卻可以寫成bi（也就是$b \otimes i$），其中b仍然是實數。因此就得到

$$P = a + bi$$

平面上的任何一個點都可以寫成$a + bi$，這讓我們有了另一種方式去描述平面上的點。前面介紹過的第一種方式，是描述了點所決定的角度，以及該點到0之間的距離。現在我們可以給定a與b，也就等於是描述了這個點與實數線的關係，以及與通過0的鉛直線的關係。例如，點$-3 + 4i$就落在通過0點的鉛直線左側3個單位，以及實數線上方4個單位。

這又產生了一個新的問題。倘若用這種新的表示法，我們要怎麼計算兩個點的乘積？例如要怎麼找出a與b，使下列式子成立呢？

$$(3 + 4i) \times (1 + i) = a + bi$$

方法之一，就是回到平面上兩點的乘法幾何定義。利用畢氏定理，你會發現點$3 + 4i$落在半徑為5的圓上，而點$1 + i$則落在半徑為$\sqrt{2}$（大約是1.41）的圓上。因此，$(3 + 4i) \times (1 + i)$會落在半徑約為7.05的圓上。若想決定$(3 + 4i) \times (1 + i)$的角度，必須先畫出$3 + 4i$及$1 + i$的角度，再用圓規或量角器把兩個角加起來。

如果你很細心，將會發現$(3 + 4i) \times (1 + i)$似乎很接近$-1 + 7i$；換言之，儘管有$\sqrt{2}$以及$3 + 4i$的怪異角度，但我們想找的a與b兩個數都是整數。不過到目前為止，由於工具上的限制，我們無法用作圖的幾何方法來確定a是-1而b是7。

現在我們不畫圖，而是以一種完全不同的方法來計算$(3 + 4i) \times (1 + i)$。分配律把這個問題化成了兩個比較簡單的問題，因為

$$(3+4i)\times(1+i)=[(3+4i)\times 1]+[(3+4i)\times i]$$

重新回顧運算 ⊗ 的定義時，你可以很容易檢查出

$$(3+4i)\times 1=3+4i$$

而由 ⊗ 的交換律，可以得到

$$(3+4i)\times i=i\times(3+4i)$$

再依照分配律，就得到

$$i\times(3+4i)=i\times 3+i\times 4i$$

回到 ⊗ 的定義之後，我們知道$i\times 3=3i$，而$i\times 4i=-4$。因此

$$(3+4i)(1+i)=3+4i+3i-4$$

上式可以化簡成$-1+7i$。我們猜想a與b是整數，果然不錯。

上面的計算指出，平面上的 ⊕ 與 ⊗ 運算，與實數的加法與乘法非常相似。事實上，⊕ 與 ⊗ 兩種運算，滿足算術的基本規則，與傳統加法、乘法的不同只是多了一個符號i，以及$i^2=-1$這項額外的規則。

當我們考慮到平面，以及相關的運算 ⊕ 與 ⊗ 時，我們稱這個平面上的點爲「複數」(complex number)。其實「複」這個字容易讓人排斥，產生較負面的印象。但如果歷史能夠像毛線衣一樣，可拆開來重織，我們就有可能把這種平面上的點簡稱爲「數」，而把正好落在水平線（實數線）上的點，當成一種特殊的數。或許「複」這個字本身並不複雜，只是在表示實數與通過0點的鉛直線（就是所謂的

虛數線）上的數的總和。

如果有人鎮日與複數打交道，像電機工程師那樣，那麼複數就會像實數那麼平常，甚至連i這種符號，在經過一陣子之後，都會像其他的數如3、$\frac{2}{5}$或–5一樣平常，而逐漸喪失人爲的、「被發明」的特性，變得很自然。畢竟，就像美國社會學家芒福德（Lewis Mumford, 1895–1900）在《機械的迷思》裡所指出的：

……弓與箭不管怎麼說，都不像是自然物；就好像–1的平方根那樣奇怪，是人類心智的獨特產物。

實數的系統足夠使每個奇數次數方程式，有至少一個根（定理2），並使一些偶數次數方程式有根；而複數在代數上的重要性則在於，每個實數係數的方程式一定有至少一個複數根。（當然，也有可能所有的根都是實數，例如$3X + 1 = 0$的根，但不妨回想一下，實數也是複數的成員之一。）事實上，眞理可能更甚於此，正如下面這個定理的陳述：

代數基本定理：任何係數爲複數、而次數大於0的方程式，都有至少一個複數根。

這個定理的證明，最初是在1799年由高斯提出來的。我們並不準備在這裡細述，不過仍要指出，證明的過程需要用到代數與拓樸學的知識。（見「延伸閱讀」[7]，裡面介紹了證明的大綱。）

但是，我們將在定理6的證明過程中，顯示「代數基本定理」的力量，並展現複數的用途。

定理6：任何實係數的多項式，都能以一次或二次多項式的乘積來表示。

定理6的陳述可能令你感到吃驚，因爲它暗示了：任何三次以上的實係數多項式都可以「因式分解」。定理2與引理1已經指出，奇數次數的多項式能因式分解。定理6的例證如下：

$$X^4 + 1 = (X^2 + \sqrt{2}X + 1)(X^2 - \sqrt{2}X + 1)$$

$$X^4 + X^2 + 1 = (X^2 + X + 1)(X^2 - X + 1)$$

兩者都可以用乘法來檢驗是否正確。

定理6的證明還需要「共軛」(conjugate) 複數的概念。例如複數$A = a + bi$的共軛複數，就是$a - bi$，寫成$\bar{A}$或$\overline{a + bi}$。在幾何上，$\bar{A}$只是A對實數軸的反射。

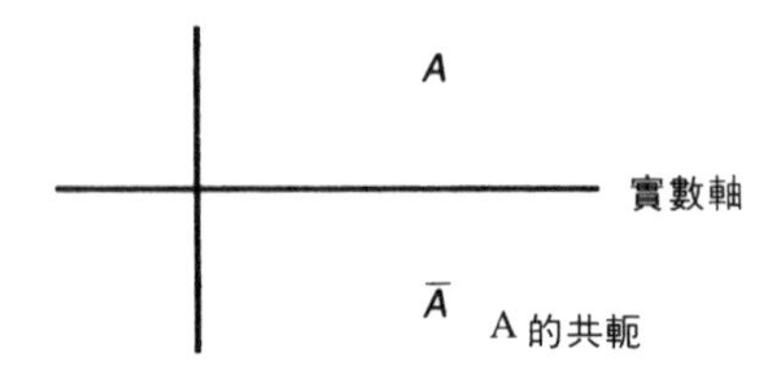

稍微看一眼上面這個圖，就可以看出$A + \bar{A}$與$A\bar{A}$都是實數。不僅如此，對任何兩個複數A與B，

$$\overline{A + B} = \bar{A} + \bar{B} \qquad (9)$$

只要把用來定義$A + B$的平行四邊形，對實數軸做出對稱的反射平行四邊形，就不難明白了。同理，

$$\overline{A \times B} = \bar{A} \times \bar{B} \qquad (10)$$

而若a是實數，則

$$\bar{a} = a \tag{11}$$

下面這個引理，是將「i與$\bar{i}$（也就是$-i$）都是方程式$X^2 + 1 = 0$的根」這件事，推廣成更一般性的說法。

引理2：如果複數R是方程式$P = 0$的根，而P是一個實係數多項式，則$\bar{R}$也是這個方程式的根。

證明：我們隨便選一個多項式來說明，比方說$P = 5X^4 - 6X^3 + 8X + \sqrt{2}$。因爲R是$P = 0$的一個根，因此

$$5R^4 - 6R^3 + 8R + \sqrt{2} = 0$$

現在我們把等號的兩邊都取共軛值，可得

$$\overline{5R^4 - 6R^3 + 8R + \sqrt{2}} = \bar{0}$$

由(11)式，$0 = \bar{0}$，而由(9)式，我們會得到

$$\overline{5R^4} - \overline{6R^3} + \overline{8R} + \overline{\sqrt{2}} = 0$$

由(10)式，$\overline{5R^4} = \bar{5}\,\bar{R}^4$；再由(11)式，$\bar{5} = 5$。因此

$$\bar{5}\bar{R}^4 = 5\bar{R}^4$$

利用同樣的推理處理每一項之後，我們會得到

$$5\bar{R}^4 - 6\bar{R}^3 + 8\bar{R} + \sqrt{2} = 0$$

因此，$\bar{R}$也是方程式$P = 0$的根。由於同樣的推論可應用於所有的多項式，故引理2得證。

引理3：設A爲任意複數，則當

$$(X - A)(X - \bar{A})$$

相乘之後，得到的乘積可表示成X的多項式：

$$X^2-(A+\overline{A})X+A\overline{A}$$

而這個多項式的係數都是實數。

證明：這個引理只是在重新陳述「$A+\overline{A}$ 與 $A\overline{A}$ 均爲實數」的事實。

引理4：若P是實係數多項式，而R是方程式P＝0的一個根。現在若R不是實數，則一定有一個實係數多項式Q，使得

$$P=Q(X-R)(X-\overline{R})$$

證明：由引理2可知，$\overline{R}$ 也是方程式P＝0的根。利用證明定理4的推論方法，可知存在一個多項式Q（係數爲複數），使得

$$P=Q(X-R)(X-\overline{R})$$

不僅如此，由於Q是兩個實係數多項式的商，而這兩個實係數多項式分別爲P及 $(X-R)(X-\overline{R})$，因此Q的係數必定也是實數，故引理4得證。

現在，我們開始證明定理6。

證明（定理6）：

設P爲任意實係數多項式。如果P的次數是1或2，那就沒什麼好證明的。若P的次數是3，則由定理1，我們知道方程式P＝0會有一個實數根r，再由引理1，可知會存在一個實係數多項式Q，使得 $P=Q\cdot(X-r)$。因此定理6在三次的情形時成立。

像這樣個別處理每個次數，實在太麻煩了，因此我們將像證明

五色定理那樣（見第24至31頁），用歸納法來進行。

假設我們已經證明，定理6對次數爲99以下的多項式P都成立，我們接著就要證明定理6對100次的多項式也成立。

設P是一個100次多項式。由代數基本定理，方程式P = 0至少有一個複數根r。因此有兩種可能性：

(i) r是實數；

(ii) r不是實數，由此可知$\bar{r}$不同於r。

先考慮(i)的情況。由引理1，可知存在一個實係數多項式Q，使得

$$P = Q\,(X - r) \tag{12}$$

但Q是一個99次多項式，而且根據我們的假設，它可以寫成實係數多項式的乘積，其中每個多項式的次數最多爲2。把這項事實與(12)式結合起來，就證明了定理6對P成立。

接著再討論(ii)的情況。由引理4可知，P是多項式Q與多項式$(X - r)(X - \bar{r})$的乘積；換言之，

$$P = Q\,(X - r)(X - \bar{r}) \tag{13}$$

但Q的次數必爲98，因此可以化成2次以下的多項式的乘積。將此結論與(13)式結合，就證明了定理6對多項式P成立。

因此，若定理6對1到99次的多項式都成立，即可推論它對100次的多項式成立。接著用同樣的推論，可證明定理6對101次的多項式也成立。所以我們可以做出結論：由3次多項式開始，我們知道定理6對四次多項式成立，因此對五次、六次、七次……的多項式成立。故定理6得證。

我們已經指出，定理6的證明與五色定理的證明類似，但就更深層的意義來說，它其實與第3章談到「每個質數都是特殊數」的定理的證明更相像；這兩個定理的證明，都根據一種在定理本身沒有談到的結構，所以無從引用，必須額外引進。

大家應該還記得，「質數」與「特殊數」兩個觀念都只與乘法有關，與加法並沒有關係。但要證明每個質數都是特殊數，就非靠加法不可。現在我們已經證明了一個有關實係數多項式的定理，證明的過程卻必須進入複數的領域。這似乎是無法避免的，因爲至今仍無人能在實數的範圍內證明這個定理。

證明過程的另一項重點是次數。定理6關心的是多項式的乘積，與「方程式的根」這個概念沒有什麼關係，但這個概念卻是整個證明的核心，出現在引理1與引理4；目前沒有人打算避開這個概念。

複數系統不是一天造成的。人類從可供計數的數字1、2、3、4、5、……開始，但爲了找出$AX = B$這種方程式的根，便引進了正有理數（也就是分母不一定爲1的數），而爲了簡化數字的表示法，又引進了0（例如在區別37與307及30070時，0是多麼重要）。後來爲了找出$X + A = 0$這類方程式的根，人類必須創造出負數，爲了找出$X^2 - 2 = 0$的根，更得把數的領域進一步擴大到無理數的範圍，但爲了保證任何一個係數爲有理數的方程式都有根，又必須建立複數系統。在尋找方程式的根的過程裡，我們有複數就夠了，永遠不需要再超越。

雖然在剛開始的時候，只有純數學家知道複數，並且用在代數上，但在不到一百年之後，複數就應用到物理世界了。1893年，身兼數學家、化學家與工程師的史坦麥茲（Charles P. Steinmetz, 1865–1923）就利用了複數，簡化交流電的理論。不像電池所供應的直流電，交流電的電流大小與方向都會交替改變，每秒約改變六十次。

在直流電裡，固定的電壓E若加在一個固定電阻R的導線上，會產生固定的電流I，三者之間的關係滿足下列方程式

$$E = IR$$

這個式子牽涉到實數的乘法。（這個方程式是第6章的基礎，它的物理意義是：「電壓差與電流成正比。」）

線圈在強度固定的磁場裡旋轉會產生交流電流，就如史坦麥茲在1893年所寫的：

電流的強度從0升到一個最大值，然後又減弱到0，接著在相反方向上升到一個最大值，再降回0，然後方向又相反，變成與原先的方向相同，上升到最大值……一直這樣交互變化。

因此交流電的計算不像直流電的理論那麼簡單，研究人員必須用很複雜的時間函數來表示交流電，所以，交流電裝置的相關理論就變得非常複雜，使得研究人員無法進行很深入的研究……

最後終於有個想法出現，何不用複數來代表交流電……這個做法果然解決了交流電的計算問題。

這種方法給交流電一個簡單的數值，就像直流電那樣，而不是複雜的時間函數，這使得交流電流的計算問題與直流電的情形一樣簡單。

引進複數之後，交流電理論當中有關時間函數的部分就消除了，使得交流電的理論變成複數的簡單代數，就像直流電的理論可化成實數的簡單代數一般。

我們接下來要描述一下，史坦麥茲如何「從−1的平方根裡產生電學」。

為了敘述一個會產生變動電壓的電動機，史坦麥茲用了一個複數**E**；**E**與0之間的距離，是這個電動機所能產生的最大電壓，而**E**的角度則由轉動線圈的初始位置來決定。

對應到交流電流的則是複數**I**；**I**到0之間的距離是流過電路的最大電流，而**I**的角度則表示電流的時滯——電流與電壓的最大值不一定是同步的。

除了電動機，典型的電路裡應該還包括其他的電路元件，如電組、電容器（可以儲存電荷）及一個固定的線圈（當電流通過時，線圈會產生一個磁場）。電阻對應到實數R，電容器則對應到實數X_c，而固定線圈則對應到實數X_L。史坦麥茲引進的單一複數為

$$\mathbf{R} = R + (X_L - X_C)i$$

即複阻抗（complex impedance），並且把交流電流的基本行為模式用下面的方程式表示

$$\mathbf{E} = \mathbf{I} \otimes \mathbf{R}$$

其中的⊗代表複數的乘法運算。

許多電機工程師大約費了二十年，才完全熟悉複數的演算。

各位也許會猜想，可能有空間裡的運算符號⊕與⊗，就像在平面上那樣，是把複數繼續擴充，就像複數系統的⊕與⊗把實數線上的＋與×擴充到平面一樣。

為空間裡的點定義一種加法⊕，其實並不難，我們只需利用定義複數⊕法時所用的平行四邊形方法就夠了，而且這個空間中的新運算⊕，仍然滿足交換律與結合律。但經過大約一百年的努力，大

家終於知道無法在空間裡定義一種⊗運算，使⊕與⊗這兩種運算滿足一般的算術規則；關於這些規則，請參閱第II冊附錄C。

在1843年，愛爾蘭數學家哈密頓（W.R. Hamilton）建構了四維空間裡的⊕與⊗運算（關於空間維數的定義，請參考附錄F），這兩種運算除了乘法⊗不能交換之外，能滿足傳統算術的其他每一項規則。1845年，英國數學家凱萊（A. Cayley, 1821–1895）建構了八維空間裡的加法⊕與乘法⊗，除了乘法⊗既不能交換也不能結合之外，其他所有的算術規則都能滿足。

空間的維數愈高，運算規則上的犧牲愈大。從實數空間（維數是1）進入複數空間（維數是2）時，我們犧牲了「正與負」（也就是0的右邊與左邊）的概念。

你可能已經注意到，剛才提到的幾個空間維數1、2、4與8，都是2的乘方，因此或許會問：「其他的維數會怎樣？」弗羅貝尼烏斯（F. G. Frobenius）與皮爾斯（Pierce）兩位證明了，只有在1維、2維及4維空間，才可以定義出滿足算術規則的⊕與⊗運算，而且還必須放棄⊗的交換律。在1958年，波特（R. Bott）、克弗里（M. Kervaire）及米爾納（J. Milnor）利用代數拓樸學的機制，證明只有在1維、2維、4維與8維空間，才能定義出滿足一般算術規則的⊕與⊗運算，還必須損失⊗的結合律或交換律。

但就算在直線或平面上，還是有一些難題。譬如在十九世紀，其中一個問題就是：≠（即圓周與直徑的比值）到底是代數數還是超越數？法國數學家赫密特（Charles Hermite, 1822–1901）已證明某些數（譬如e這個數）是超越數，但在1873年卻提到：「我可不打算冒險去證明≠是否爲超越數。如果有人肯嘗試，沒有人會比我更希望他能成功。但親愛的朋友們，相信我，要別人付出這種努力是不公平的。」九年後，德國數學家林德曼（Carl L.F. Lindemann, 1852–1939）證明了≠是超越數。

然而，對於所有立方數的倒數加在一起的這個數

$$\frac{1}{1}+\frac{1}{8}+\frac{1}{27}+\frac{1}{64}+\cdot\cdot\cdot$$

（值大約是1.2），到底是有理數還是無理數，至今無人知曉。

既然講到了複數，我們且把本書裡提過的各種數都放在一起，看看它們之間有何關係（圖中的符號⊃代表「包含」）：

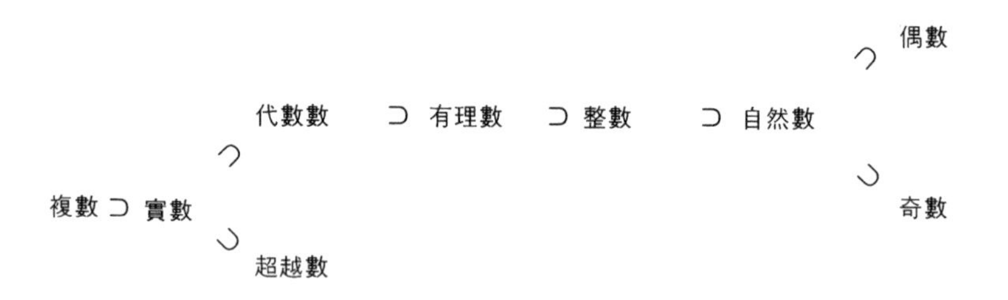

而無理數有可能是代數數，不然就是超越數。

你可能會認爲本書是在敘述各種不同類型的數，以及這些數的其中幾種應用。

沒有錯，在下一章，我們將把多項式與複數應用到幾何問題上，而第18章將證明超越數的存在。

數學健身房

1. (a) 方程式$6X^2-7X-10=0$的根，「根」代表什麼意思？

   (b) 1是這個方程式的根嗎？

   (c) 2是一個根嗎？

   (d) –1是一個根嗎？

   (e) 請證明$-\frac{5}{6}$是一個根。

2. 0、1、2、3、4與5這些數當中，有多少個是方程式$X^3-5X+2=0$的根？

3. 請找出下列方程式的所有實根。

   (a) $X^2+4X+4=0$；　　(b) $X^2+4X+1=0$

4. 請檢查0、1、2是否爲方程式$X^3-3X^2+2X=0$的根。還有沒有其他的根？

5. 0、1、–1、2、–2及$\frac{1}{2}$中，哪些是方程式$2X^2-3X-2=0$的根？

6. (a) 用0代入X時，多項式$5X^3-2X^2+6X-7$的值是多少？

   (b) 用1代入X時，又是多少？

   (c) 用$\frac{1}{2}$代入時是多少？

   (d) $5X^3-2X^2+6X-7=0$的根應該介於哪兩個數之間？

7. (a) 同第6題的多項式，用0.8代入X時，值是多少？

   (b) 同(a)，但用0.9代入X。

   (c) 6(d)的方程式在哪兩個數之間有根？

   (d) 接(c)，你認爲這兩個數當中，哪一個比較接近根？

8. (a) 在1、2、3之中，有方程式$2X^3 - X^2 + X - 5 = 0$的根嗎？

   (b) 在1與2之間有根嗎？

9. (a) 從第51頁的數值表，要怎麼看出方程式$8X^3 - 12X^2 - 2X + 3 = 0$有三個根？

   (b) 請檢查$\frac{1}{2}$、$\frac{3}{2}$及$-\frac{1}{2}$是否爲根。

10. 請證明3是方程式$X^4 - 5X^3 + 10X + 24 = 0$的根。

11. 請證明$-3 + \sqrt{7}$是方程式$X^2 + 6X + 2 = 0$的根。

12. 像我們處理方程式$X^2 + 6X + 9 = 0$那樣（見第50頁），找出下列方程式的根：

    (a) $X^2 - 6X + 9 = 0$；　　(b) $X^2 + 3X + \frac{9}{4} = 0$。

13. 找出 (a) $X^2 + 5 = 0$；　　(b) $X^2 + 14X + 49 = 0$ 的所有實根。

14. 找出 (a) $X^2 + 4X + 4 = 0$； (b) $X^2 + 2X + 1 = 0$ 的所有實根。

15. 下列方程式中，至少有一個實根的有哪些？

    (a) $X^6 + 1 = 0$；　(b) $X^6 + X^2 + 1 = 0$；　(c) $X^7 + X + 3 = 0$；

    (d) 請解釋之。

16. (a) 依照處理方程式$X^2 + 6X + 2 = 0$的方式（見第50頁），找出方程式$X^2 - 6X - 7 = 0$與$X^2 - 2X - 4 = 0$的所有根。

    (b) 把(a)的結果代入方程式，檢查方程式是否成立。

17. (a)「代數數」是什麼意思？

    (b) 5是代數數嗎？

    (c) $\sqrt{7}$是代數數嗎？

    (d) $\frac{4}{5}$是代數的數嗎？

    (e) 解釋之。

18. (a) $\sqrt[3]{2}$是代數數嗎？

    (b) $-\frac{3}{4}$是代數數嗎？

(c) $-3-\sqrt{7}$ 是代數數嗎？

19. 下列多項式是幾次？

(a) $17X^3 - X + 1$ ；　(b) $X^2 + 2$ ；　(c) $5X - 3$ ；　(d) 19 。

20. 試舉一個52次多項式的例子。

21. 把多項式 $6X^3 - X + 1$ 與 $5X^2 + 4X + 4$ 相加。

22. 把多項式 $5X^4 + X - 2$ 與 $-5X^4 + \sqrt{2}X^3$ 相加。

23. 請將下列多項式相乘：

(a) $X - 5$ 與 $X + 5$ ；　(b) $X^2 + 1$ 與 $X + 1$ ；　(c) $X - 3$ 與 $X + 4$ 。

24. 將下列多項式相乘：

(a) $X - \sqrt{2}$ 與 $X + \sqrt{2}$ ；　(b) $X + (3 + \sqrt{7})$ 與 $X + (3 - \sqrt{7})$ 。

25. 請將多項式 $X^2 + \sqrt{2}X + 1$ 與 $X^2 - \sqrt{2}X + 1$ 相乘。

26. 設P爲三次多項式，而Q爲五次多項式，則 (a) $P + Q$ ；　(b) $P \times Q$ 的次數各是多少？

27. 求 $X + 1$ 除 $X^3 + 7X^2 + 5X - 1$ 的商與餘式。

28. 求 $X^2 + X + 1$ 除 $X^5 + 3X^4 + 5X^3 + 11X^2 + X + 2$ 的商與餘式。

29. 求 $X^3 + 1$ 去除 $X^6 + 4X^2 + 1$ 的商與餘式。（可先將被除式改寫成 $X^6 + 0X^5 + 0X^4 + 0X^3 + 4X^2 + 0X + 1$ 。）

30. 用一個21次多項式去除一個100次多項式之前，你就能知道商與餘式的次數了嗎？

31. 多項式與十進位記數法有哪些相似之處？

32. (a) 每個自然數都是有理數嗎？

(b) 每個有理數都是代數數嗎？

(c) 每個無理數都是超越數嗎？

33. 交流電路的實阻抗（real impedance）定義爲

$$\sqrt{R^2 + (X_L - X_C)^2}$$

這與「複阻抗」之間有什麼關係？

34. 方程式$5X^{19}-\sqrt{3}X+0.42=0$有實根嗎？

35. (a) 請檢查0是否爲方程式$5X^7-2X^3+X^2-6X=0$的根。

 (b) 找一個多項式Q，使得$5X^7-2X^3+X^2-6X=Q\times(X-0)$，這正說明了引理1。（請注意$X-0$就是X。）

36. 若r是0，引理1很容易證明。請證明此特殊情況下的引理。

37. (a) 請檢查2是否爲方程式$3X^2-5X-2=0$的根。

 (b) 找出多項式Q，使$3X^2-5X-2=Q\times(X-2)$。

38. (a) 請檢查-1是否爲方程式$2X^2+5X+3=0$的根。

 (b) 找出多項式Q，使$2X^2+5X+3=Q\times(X+1)$；這正說明了引理1。

39. 請填空：若P是一個201次的實係數多項式，則方程式$P=0$有________到________個根。

40. 填空：若P是一個202次的實係數多項式，則方程式$P=0$有________到________個實根。

41. 請填空格：若7是方程式$P=0$的根，則存在一個多項式Q，使得________________。

42. 是否存在一個多項式Q，使得$X^{11}-10X^7+X=Q\times(X-2)$？

43. 是否存在一個多項式Q，使得：

 (a) $2X^5-6X^3+X-18=Q\times(X-2)$？

 (b) $2X^5-6X^3+X-18=Q\times(X-1)$？

44. (a) ≠是否等於$2\frac{2}{7}$？

 (b) ≠是否等於3.1416？

45. 是否有可能把幾個≠、幾個$\neq^2$與幾個$\neq^3$加在一起，最後得到一個整數？

46. (a) 請在平面上畫任意三個點X、Y與Z。

(b) 畫出兩個必要的平行四邊形，找出X ⊕ (Y ⊕ Z)這個點。

(c) 同(b)，找出點(X ⊕ Y) ⊕ Z。

(d) 比較(b)與(c)的結果。（應該相同。）

47. 在平面上任選三個點X、Y及Z，並使X落在半徑為1的圓上（為了方便起見）。請利用 ⊕ 與 ⊗ 的幾何定義，計算X ⊗ (Y ⊕ Z)以及(X ⊗ Y) ⊕ (X ⊗ Z)。哪一個代數規則說明了兩者應該相同？

48. 利用 ⊗ 的幾何定義，證明：

(a) $(-2) \otimes 3 = -6$；　(b) $(-2) \otimes (-4) = 8$；　(c) $2 \otimes 3 = 6$。

49. 已知方程式$X^2 + 1 = 0$沒有實數根。請畫出兩個複數根。

50. (a) 方程式$X^3 - 1 = 0$有幾個實根？

(b) 利用 ⊗ 的幾何定義，證明圖中的三個複數都是方程式$X^3 - 1 = 0$的根。

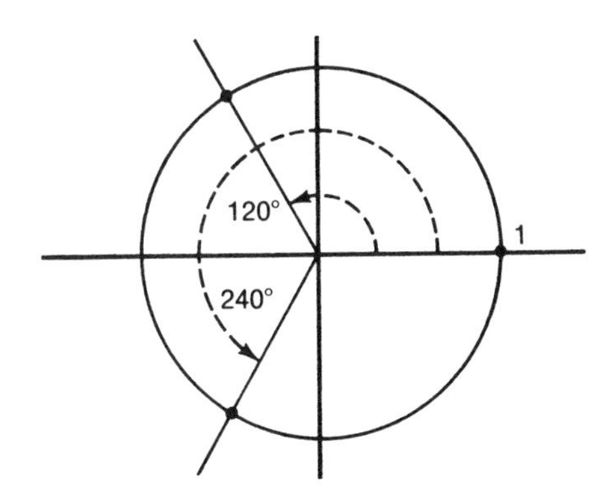

51. (a) 求方程式$X^4 - 16 = 0$的實根。（有兩個。）

(b) 畫出方程式$X^4 - 16 = 0$的複數根。（有四個。）

52. (a) 利用複數乘法的幾何定義，求$2i \times (3 + 4i)$。

(b) 只用算術規則，如分配律，計算$2i \times (3+4i)$，並畫出結果。（當你碰到i^2，就用-1取代。）

(c) 請比較(a)與(b)在圖上的位置。

53. (a) 利用複數乘法的幾何定義，計算$(2+i) \times (1+2i)$。

(b) 以算術的方法計算$(2+i) \times (1+2i)$，並畫出結果。

(c) 比較(a)與(b)在圖上的位置。

54. (a) 利用複數乘法的幾何定義，計算$(1+i) \times (-1+i)$，並把結果畫在圖上。

(b) 用算術的方法計算$(1+i) \times (-1+i)$，並畫出結果。

(c) 比較(a)與(b)在圖上的位置。

55. (a) 利用複數乘法的幾何定義，計算$(3+4i) \times (4+3i)$，並把結果畫在圖上。

(b) 用算術方法計算$(3+4i) \times (4+3i)$，並畫出結果。

(c) 比較(a)與(b)在圖上的位置。

56. 請用下列方法證明$(2 \otimes i) \otimes (3 \otimes i) = -6$：

(a) 用$\otimes$的幾何定義，畫出$2 \otimes i$及$3 \otimes i$所代表的點。

(b) 利用$\otimes$的交換性與結合性，以及$i^2 = -1$這個關係式（不要畫圖）。

57. 畫出方程式$X^4 + 4 = 0$的兩個複數根。

58. 畫出方程式$X^2 - i = 0$的兩個複數根。（把方程式想成$X^2 = i$。）

59. 畫出複數X，使得$\overline{X} = X$。

60. (a) 請檢查$3+i$是否爲方程式$X^2 - 6X + 10 = 0$的根。

(b) 哪一條引理保證$3-i$也是上述方程式的根？

(c) 請檢查$3-i$也是一個根。

61. (a) 求$X-(2+5i)$與$X-(2-5i)$的乘積。

(b) 哪一條引理保證(a)乘積的係數都是實數？

62. 請計算：

(a) $\overline{3+5i}$；　(b) $(3+5i)(\overline{3+5i})$；　(c) $(3+5i)+(\overline{3+5i})$。

63. (a) 在平面上任選一點P，並畫出來。

(b) 畫出點Q，使得$Q \oplus P = 0$。

64. 請證明引理1的逆引理成立，也就是要證明：若r是實數，且多項式P與Q滿足$P = Q \times (X - r)$，則r是方程式$P = 0$的根。

65. (a) 若我們允許係數爲複數，引理1要如何修正？

(b) 若允許複數係數，試證明定理6仍然爲眞。

66. 要如何定義多項式的因式？

67. 證明$(a + bi) \otimes (c + di) = (ac - bd) \otimes (ad + bc)i$。

（提示：可先利用分配律開始著手。）

68. 試找一個整數係數的方程式，根爲$1 + \sqrt{2}$，以此證明$1 + \sqrt{2}$是代數數。

69. 請找一個四次方程式，係數爲整數，且$\sqrt{2} + \sqrt{3}$爲根。這將證明出$\sqrt{2} + \sqrt{3}$是代數數，此外你也可以證明出，任意兩個代數數的和與積也是代數數。

70. (a) 請證明：若r是方程式$AX^3 + BX^2 + CX + D = 0$的根，則1/r是方程式$DX^3 + CX^2 + BX + A = 0$的根。

(b) 利用(a)的結果，證明若r是代數數，則$\frac{1}{r}$也是。

71. (a) 試證：若r是方程式$AX^3 + BX^2 + CX + D = 0$的根，則$\frac{r}{2}$是方程式$8AX^3 + 4BX^2 + 2CX + D = 0$的根。

(b) 利用(a)的想法，證明若r是代數數，則$\frac{r}{2}$也是。

72. 試證明：通過0的鉛直線上的任何一點，都可寫成b ⊗i的形式，其中b是實數。

73. 如圖所示，不為0的任意一點X，可決定在半徑為1的圓上的一點S，及一個正實數r。請證明S ⊗r = X。

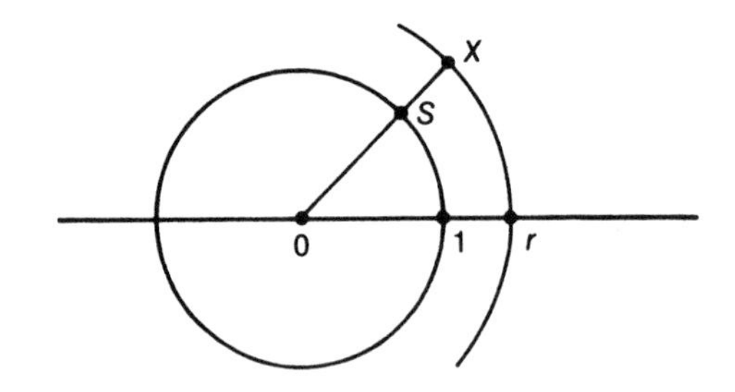

74. 第67題提供了一種定義複數的精簡方法，⊕與⊗，這種方法不必用到幾何學，而是利用實數，以及實數的＋與×：只要定義複數是一對實數(a, b)，並定義(a, b) ⊕(c, d)為(a + c, b + d)，而(a, b) ⊗(c, d)為(ac – bd, ad + bc)。

(a) 我們應該定哪個(a, b)為–1？

(b) 哪個(a, b)可以定為i？

75. 只考慮實係數多項式。假設每一個偶數次數的多項式都有一個一次或二次的因式，請證明定理6成立。

76. (a) 試證：多項式$X^3 - 2$無法寫成較低次數的有理數係數多項式的乘積。

(b) 請把X^3-2寫成較低次數實係數多項式的乘積。

(c) 請把X^3-2寫成複數係數一次多項式的乘積。

77. 方程式$2X^3-iX^2+(17+i)X-2=0$有沒有 (a) 實數根；(b) 複數根？

78. 請證明：任何複數係數的多項式，都可以寫成一次多項式（係數爲複數）的乘積。

79. 畫出方程式$X^5-1=0$的五個複數根。令角度爲72°的根爲F。

(a) 試證：其他四個根分別爲F^2、F^3、F^4及$F^5=1$。

(b) 畫出適當的平行四邊形，證明$F+F^4$是實數。請度量$F+F^4$的距離，估計至小數第二位。（可用10公分爲半徑。）

(c) 以同樣的方式處理F^2+F^3。

(d) 利用(b)與(c)的結果，估計$1+F+F^2+F^3+F^4$。

80. 考慮以下列方式定義的數：如圖P所示，畫兩條互相垂直的直線，而以0P爲對角線的長方形面積爲1，水平邊長不小於1。圖中的曲線便是所有這樣的點P形成的軌跡。

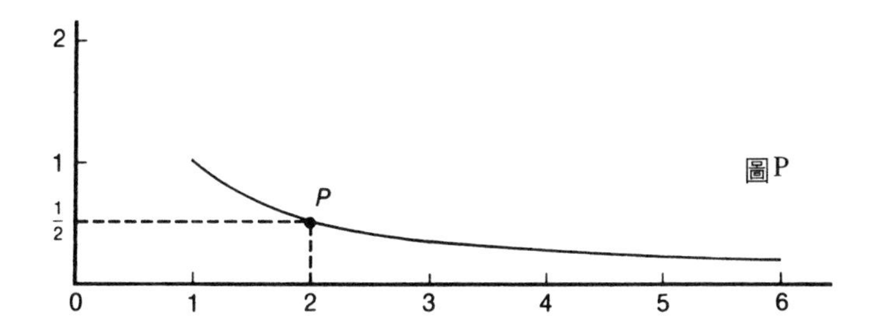

圖P

接著，我們像圖Q這樣，在曲線上方畫出無窮盡的階梯：

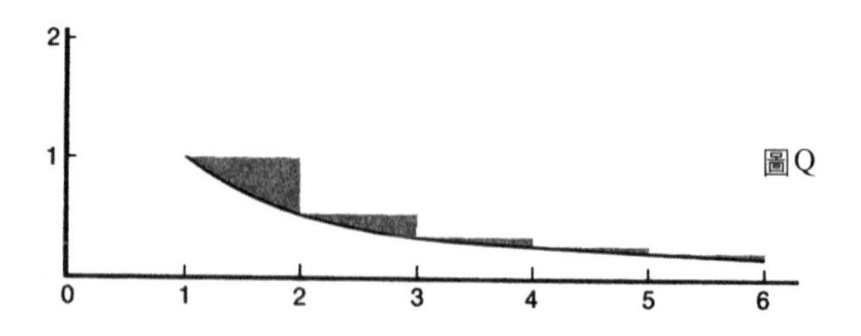

把這些陰影區域的總面積命名爲A 。

(a) 利用下圖所示的長方形，證明A 小於1 。

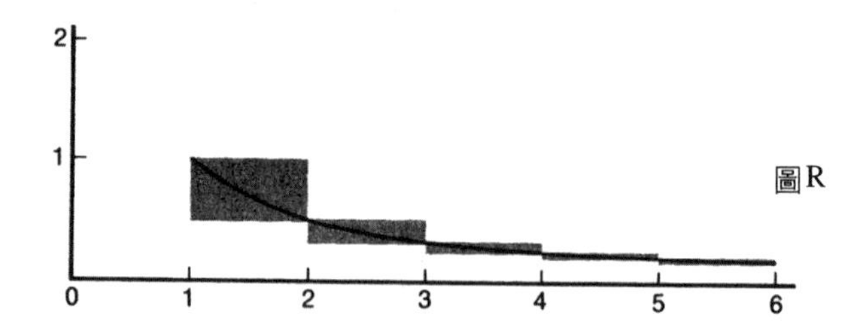

(b) 試證：A 大於$\frac{1}{2}$。

A 的數值介於0.577 與0.578 之間，稱爲「歐拉常數」。這個常數已經使用了兩百多年，但還沒有人知道它是有理數或無理數，也不知道是代數數還是超越數。

81. 如果有一個實係數多項式，既不是較低次數多項式的乘積，也不是0 次多項式，我們就定義它爲「質多項式」。（因此$X^2 + 1$及$6X + 2$都是質多項式。）

(a) 質多項式的次數可能是多少？

(b) 試證：第3 章的歐幾里得算則（輾轉相除法）對多項式也成立；其中主要的改變就是，對方程式$B = QA + R$只有兩種結果，一是餘式R爲0多項式，一是R的次數小於A的次數。

(c) 請證明每個多項式都是質多項式的乘積。

(d) 試定義「特殊」多項式。

(e) 證明第3章引理4的類比，對多項式也成立。

(f) 試證明每個質多項式都是特殊多項式。

(g) 請陳述並證明「算術基本定理」對多項式的類比。

82. 同81題，除了(a)之外，但考慮的多項式的係數爲有理數。（例如，這時X^3-2就是一個質多項式。）

83. 高斯整數（Gaussian integer）是指形式爲a + bi的複數，其中a與b都是「普通」的整數。

(a) 請證明：若一個普通整數m能寫成一個高斯整數與它的共軛數的積，例如

$$m=(a+bi)\overline{(a+bi)}$$

則該普通整數就可以寫成兩個普通整數的平方和。

(b) 利用(a)的結果，證明若整數m與n均能寫成兩個整數的平方和，則兩數的積mn也可以。（例如，$13=2^2+3^2$，$25=3^2+4^2$，則$13\times25=325=6^2+17^2$。）

84. 這是個講求專門的時代。假設有某家牛奶商，每位送貨員均以固定的頻率送牛奶：其中有一位送貨員每兩天送一次牛奶，我們稱他爲「2天送貨員」，有一位是每三天送一次，稱他「3天送貨員」，另外還有4天、5天、6天……送貨員。事實上就會有無限多位送貨員，每個人都有各自的可能頻率。

現在，假設有個不會死的小嬰兒，每天都需要一瓶牛奶。於是牛奶商就可以安排一堆送牛奶人員，滿足這個小嬰兒的需求：

一位2天牛奶員，在第0、2、4、6、8、……天送牛奶，直到永遠；一位4天牛奶員，在第1、5、9、13、17……天送；而8天牛奶員則在3、11、19、27、35、……等日子送牛奶。一般而言，「2^n天牛奶員」被安排在小嬰兒出生滿$2^{n-1}-1$天時開始送牛奶。

但這種安排需要無限多位送牛奶人員。該廠商能否以有限多的送牛奶人數滿足這個小嬰兒的需求呢？

(a) 如果某種安排是讓m_1牛奶員於D_1天開始，而m_2牛奶員於D_2開始……m_k牛奶員於D_k開始，試證明：這種安排將讓我們把

$$1+X+X^2+X^3+\cdots$$

這個「無限多次多項式」表示成

$$1+X+X^2+X^3+\cdots$$

$$\begin{aligned} & X^{D_1}+X^{D_1+M_1}+X^{D_1+2M_1}+\cdots \\ + & X^{D_2}+X^{D_2+M_2}+X^{D_2+2M_2}+\cdots \\ & \cdots\cdots\cdots\cdots\cdots\cdots \\ + & X^{D_k}+X^{D_k+M_k}+X^{D_k+2M_k}+\cdots \end{aligned}$$

為求方便，我們假設M_1、M_2、……、M_K由左到右遞增。

(b) 利用等比級數和的公式，證明若有限名牛奶送貨員能滿足小嬰兒的需求，則

$$\frac{1}{1-X}=\frac{X^{D_1}}{1-X^{M_1}}+\frac{X^{D_2}}{1-X^{M_2}}+\cdots+\frac{X^{D_k}}{1-X^{M_k}}$$

(c) 將上述方程式裡的X，由落在半徑為1的圓上、而且角度近似於$(360/M_K)^\circ$的複數代入，以此證明：(b)的方程式不可能成立。

(d) 假設小嬰兒每天需要的牛奶量加倍為兩瓶，而送牛奶人員一次只能送一瓶，而且送牛奶的人是有限多位，那麼問題有解

嗎？(b)所列的方程式該如何修正？

85. 多方塊（polymino）是由單方塊（domino）形成的結構，是把幾個方塊牢牢的連接在一起。下圖是由四個塗上陰影的方塊構成的多方塊，但這個多方塊裡共有六個相鄰方塊，只是其中的第二與第五塊被刪除了。

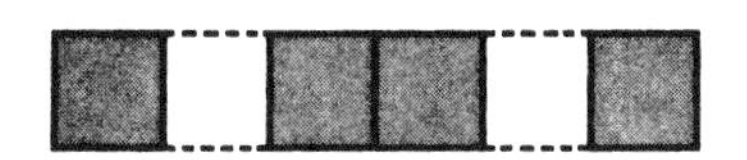

用這種多方塊，可以鋪滿一個7×12的長方形區域。下圖顯示的就是21塊這樣的多方塊，編號由1到21，而編號爲N的方塊就是由編號N的多方塊來覆蓋。

15	8	16	8	8	13	8	13	13	19	13	21
5	14	5	5	17	5	12	18	12	12	20	12
15	4	16	4	4	11	4	11	11	19	11	21
15	14	16	7	17	7	7	18	7	19	20	21
3	14	3	3	17	3	10	18	10	10	20	10
15	2	16	2	2	9	2	9	9	19	9	21
1	14	1	1	17	1	6	18	6	6	20	6

現在我們要證明，用兩個字母X與Y寫出的多項式，要怎麼應用到多方塊鋪面的問題上。我們會摘要寫出下面這個定理的證明過程。

定理：我們不可能用下面這種多方塊（由7個相鄰方塊組成，並刪除其中的第三與第五塊）鋪滿任何長方形。

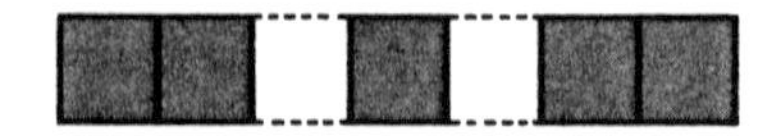

首先，所謂的「用字母X與Y寫出的多項式」，是指SX^nY^m這種形式的和，其中S是實數，m與n是自然數；例如$XY + 5X^3Y^2 - 6XY^4 + X$及$1 + 8XY^5$都是X與Y的多項式。我們可以將這些多項式相加或相乘。

(a) 假設某個a × b的長方形，能用下面這種多方塊鋪滿：

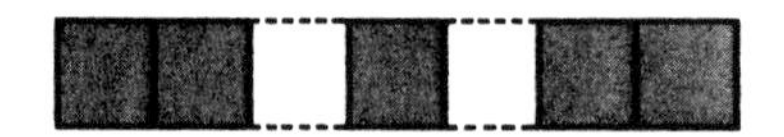

試證明這蘊含了下列結果：存在兩個用X、Y寫成的多項式P與Q，使得

$$(1 + X + X^2 + \cdots + X^{a-1})(1 + Y + Y^2 + \cdots + Y^{b-1}) = P(1 + X + X^3 + X^5 + X^6) + Q(1 + Y + Y^3 + Y^5 + Y^6) \quad (85)$$

提示：可用X^mY^n來記錄a×b長方形中的小方塊，它是左邊算起第m個、由下往上算第n個的小方塊。（邊長爲a的是水平方向。）

(b) 利用等比級數和的公式，證明

$$1 + X + \cdots + X^{a-1} = \frac{X^a - 1}{X - 1}$$

以及

$$1 + Y + \cdots + Y^{b-1} = \frac{Y^b - 1}{Y - 1}$$

（考慮X與Y是1之外的實數。）

(c) 要證明不可能鋪滿，就等於證明(85)式不可能成立。做法如下：先證明若以0到-1的任何實數代入X與Y，(85)式的等號左邊都不會等於0，再證明式子$1 + X + X^3 + X^5 + X^6$在-1與0之間有一個根。故得證。

86. 第84題與第85題有何相似之處？

87. 見第85題。我們現在要略述一個由布魯伊金（N. G. de Bruijn）率先解出來的問題：令a、b與n都是正整數，若要使一個$a \times b$的長方形可以切割成許多個$1 \times n$的長方形，a、b與n必須如何？

(a) 試證明：若n可整除a，或可整除b，則這個$a \times b$的長方形可分割成許多個$1 \times n$的長方形。

(b) (a)的逆向陳述是否成立？

(c) 將(a)與(b)的結果，推廣成用$1 \times 1 \times n$的小方塊填滿一個$a \times b \times c$的盒子。

88. 我們說一個實數r的大小或「絕對值」，指的就是r本身（若r爲正）或$-r$（若r爲負），因此，3的絕對值是3，-3的絕對值也是3，而0的絕對值是0。顯然，實數的絕對值，就是0到該實數的距離。我們用$|r|$代表r的絕對值。

(a) 令s是任意實數。請證明存在整數M，使得$|s - (M/13)|$小於$\frac{1}{26}$。（提示：在數線上畫出分母爲13的有理數。）

(b) 令s爲任意實數，而N是大於0的任意自然數。證明存在一個整數M，使得$|s - (M/N)|$小於$1/2N$。

89. 在第88題，我們發現，若選用了分母很大的有理數，任何一個自然數都能以有理數來逼近。1955年，德國數學家羅斯（K. F.

Roth）在以有理數逼近代數數的研究上，得到了一個很重要的結果。他發現若s是無理代數數，那麼就只會有有限多個有理數M/N，能符合 $| s - (M/N) |$ 小於 $2/N^3$ 的性質；也就是說，若s能用有理數「逼得很近」，則s必為超越數。這部分會在第90題進一步討論。

試證：羅斯的定理並未超出有理數的範圍。

90. 請利用第89題，證明下列的s是個超越數。

$$s = \left(\frac{1}{10}\right)^3 + \left(\frac{1}{10}\right)^9 + \left(\frac{1}{10}\right)^{27} + \cdots + \left(\frac{1}{10}\right)^{3^n} + \cdots$$

證明的過程大致如下：

(a) 證明S是無理數。

(b) 證明 $| s - [(\frac{1}{10})^3 + \cdots + (\frac{1}{10})^{3n} |$ 小於 $2/(10^{3n})^3$。

> 提示：$| s - [(\frac{1}{10})^3 + \cdots + (\frac{1}{10})^{3n}] |$ 就等於 $(\frac{1}{10})^{3n+1} + (\frac{1}{10})^{3n+2} + \cdots$，而這個式子會小於首項為 $(\frac{1}{10})^{3n+1}$、且公比為 $\frac{1}{2}$ 的等比級數。

(c) 現在，再利用羅斯的定理，證明s一定是超越數。

91. 假設有 N^2 個點，整齊排列成一個 $N \times N$ 的方陣（也就是排成N列，每列N個點，而點與點的距離相等）。你認為最多能選多少個點，使得沒有任何三個點在一條直線上？我們把這個點數稱為D(N)，並回答下列問題：

(a) 為何D(N)不會大於2N？

(b) 試證：D(2) = 4，D(3) = 6，D(4) = 8。

(c) 檢查一下D(5)與D(6)。

(d) 關於D(N)的公式，目前還不知道，但如果N是質數，我們已經知道D(N)至少等於N。為了說明這點，我們以(a, b)來標示這N^2個點，其中的a與b都是從0到N – 1的整數。點(a, b)代表從左邊算起第a個、而由左下角的(0, 0)算起第b個的點。現在，令R(i)為整數i被N除之後的餘數，則

$$(0, R(0)), (1, R(1^2)), (2, R(2^2)), . . . , (N, R(N^2))$$

這N個點當中，沒有任何三個點會在同一條直線上。要證明這一點，必須用到解析幾何（analytic geometry）以及下列事實：如果一個二次多項式的係數，都是對質數N同餘的整數，則這個二次多項式最多有兩個根。請對N = 7與N = 11，應用這個方法。

92. 這是第4章第59題的推廣。你能不能在第4章第59題所描述的無窮陣列中，找出A、B、C三點，使得∠ABC = 60°？

第17章的第27至30題，是從複數發展出來的三角學，不妨現在就做做看。

延伸閱讀

[1] E. T. Bell, *The Development of Mathematics,* Dover, 1992 (reprinted edit.).（第7與第9章談到了複數；第8章對於人們長久以來對負數及複數的態度如果轉變，做了詳細的描述；有關弗羅貝尼烏斯及皮爾斯的研究，以及進一步的參加資料，可參閱第11章。）

[2] E. T. Bell, Men of Mathematics, Touchstone, 1986.（在第464頁可以看到≠的超越性在幾何上的重要性，文中提到赫密特的那段話也出現在這裡。）

[3] D. J. Struik, *A Concise History of Mathematics*, Dover, 1987.（本書簡述了十六世紀的義大利數學家塔塔利亞，對四次以下的方程式的根所做的研究。）

[4] R. Courant and H. Robbins, *What Is Mathematics?*, Oxford University Press, 1996.（本書第269至271頁有代數基本定理的三角證明。）

[5] K. F. Roth, Rational approximations to algebraic numbers, *Mathematika,* vol. 2, 1955, pp. 1–20.

[6] T. Dantzig, *Number, the Language of Science,* Free Press, 1985 (fourth rev edition).（第8及第9章專門討論實數；第10章討論複數；第C章討論方程式的根，及根與幾何的關係。）

[7] J. B. Kelly, Polynomials and polyominoes, *American Mathematical Monthly,* vol. 73, 1966, pp. 464–471.

[8] S. W. Golomb, *Polyominoes,* Princeton University Press, 1996 (2nd edition).（多方塊鋪面問題，可讓讀者接觸到幾何、組合數學，及對稱。）

[9] M. Kline, *Mathematical Thought from Ancient to Modern Times,* American Philological Association, 1973.（可參考「複數」的部分。）

第17章 尺規作圖

Mathematics

在第1冊的第5章，我們利用了有理數與無理數的差別，來回答這個幾何問題：「哪幾種長方形能用全等的正方形鋪滿？」到了第6章，電路的代數方法證明出，一個邊長為1與$\sqrt{2}$的長方形無法用正方形鋪滿，即使正方形大小不同也無能為力。在這裡，我們要用多項式與複數，來處理另一個幾何問題，這問題就是所謂的「尺規作圖」，可以一直追溯到歐幾里得的古希臘時代。我們需要的，只有第16章用到的多項式與根的概念，以及複數的算術。

現在就來討論這個問題。首先，我們要有一把沒有標任何記號的直尺，可用來畫直線，以及一個可用來畫任何大小的圓的圓規。重複使用直尺，就可以畫出任何長度的直線。我們的問題很簡單：

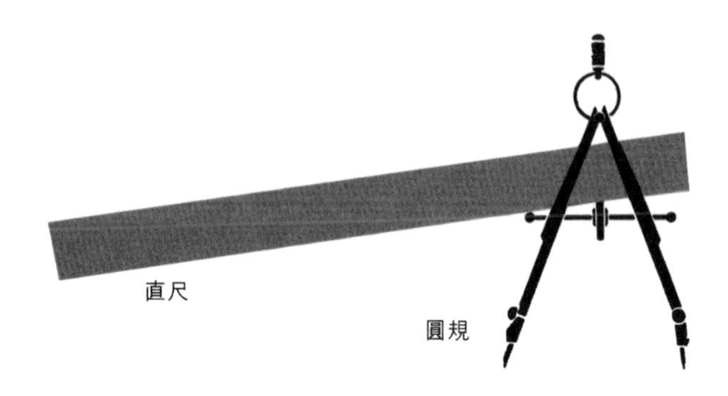

「我們可以用直尺與圓規，畫出什麼東西？」

學例來說，我們可以像下圖那樣，平分一條給定的線段：

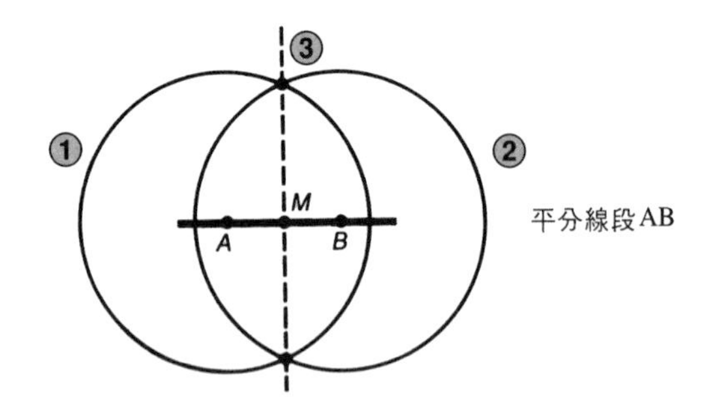

圖上標著的①、②、③，代表平分線段AB 的步驟，如下：

步驟1：以A 爲圓心，以大於線段AB 一半的距離爲半徑，畫一個圓。

步驟2：以B 爲圓心，同樣的長度爲半徑，畫圓。

步驟3：畫一條直線通過兩圓相交的兩個點，此直線與線段AB 交於M，M 就是AB 的中點。（因爲我們選的半徑夠長，所以兩圓一定會相交於兩點。）

M的確是線段AB的中點，這很容易用基本的幾何學來證明，但我們先不要費神去證明它。上述三個步驟證明了定理1。

定理1：用直尺與圓規可以平分任何已知線段。

中點的作圖說明了一些規則。例如，我們可以把圓規的兩腳，展開成與給定的兩點重疊，也能打開到任何大小，只要最後的結果與圓規的開度大小無關。

把已知線段平分的這個圖，也可以用來說明如何利用直尺與圓規，作出一個90°的角。但功能不只有如此，請見下面的定理2。

定理2：若給定一直線L及線外一點P，就可以用直尺與圓規，作一條通過P、而且垂直於L的直線。

證明：直線L與點P如圖所示。

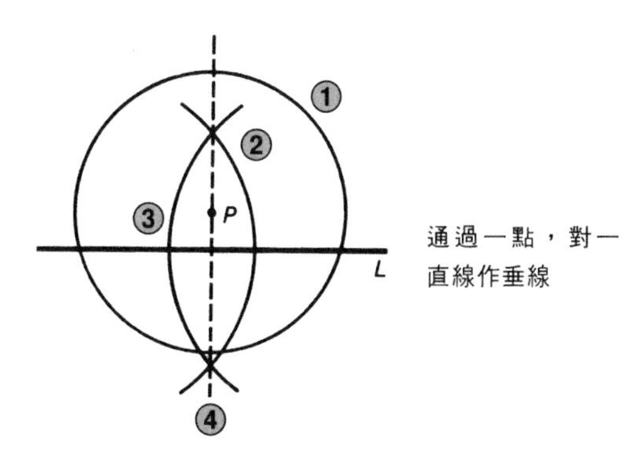

步驟1：以P為圓心，適當距離為半徑，畫一個圓（半徑要大到使所畫的圓與L有兩個交點）。

步驟2：以步驟1作出的左邊那個交點爲圓心，大於步驟1的半徑長度爲半徑，畫弧。

步驟3：以步驟1作出的右邊那個交點爲圓心，步驟2所用的相同半徑爲半徑，畫弧。

步驟4：通過步驟2與3所畫兩弧的兩個交點，畫一條直線。這條直線就是我們所求的垂線。故得證。

我們已經能平分任何給定的線段。那麼角能不能平分呢？答案是「能」，如定理3所示。

定理3：用直尺與圓規可以平分任何給定的角。

證明：給定∠AOB，如圖所示。

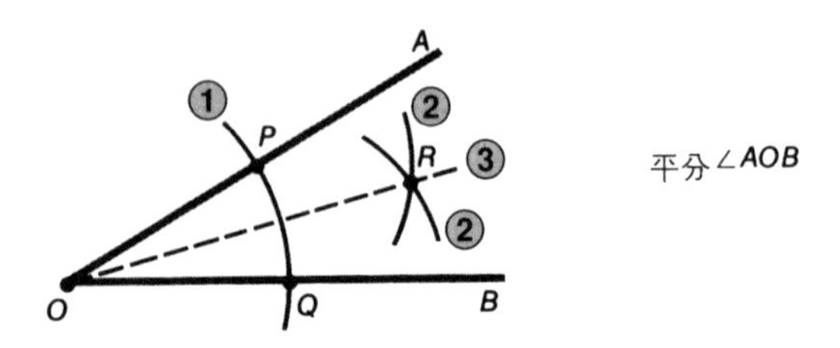

步驟1：以O爲圓心，任意長爲半徑，畫弧。此弧與∠AOB交於P、Q兩點。

步驟2：分別以P與Q爲圓心，相同的長度爲半徑，各畫一個弧。（步驟1與步驟2所用的半徑不必相同。）

步驟3：令R是步驟2兩弧的交點，並畫一直線通過O與R。

證明過程中得到的∠AOR，正好是∠AOB的一半。

這樣一直平分下去，我們可以把任何線段或任何角，分成四等份、八等份、十六等份、……。但是有沒有可能以直尺與圓規，將一條線段三等分呢？能將一個角三等分嗎？

要回答這些問題，必須用到下面這些引理。

引理1：只用圓規，就能在直線上作出任意已知線段的等長線段。

證明：給定線段AB，以及一直線L，我們要在L上作出與AB一樣長的線段。指定L上一點C是新線段的端點。如下圖所示，只要有圓規就夠了（連直尺都不必用）。步驟只有一個，就是以C為圓心，AB的長為半徑，畫一個圓；此圓與L交於D點，則線段CD的長度會與線段AB相同。

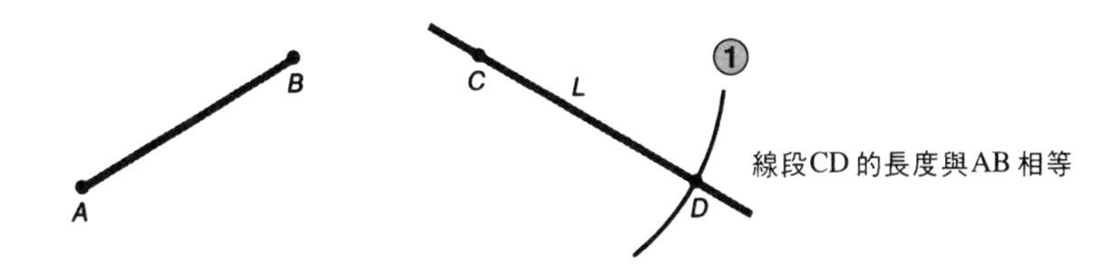

引理2：給定一長度為1的線段，則利用直尺與圓規，可以作出一個長度為$(\sqrt{5}-1)/4$的線段。

證明：令AB為長度1的已知線段，次頁上圖顯示該如何作出一個長度為$\sqrt{5}-1$的線段。此線段作兩次平分（定理1）之後，就能

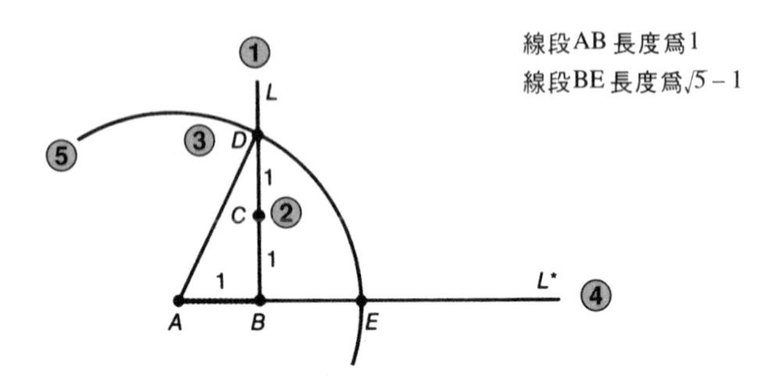

得到長度爲$(\sqrt{5}-1)/4$的線段了。相關步驟如下：

步驟1：通過B點，作垂直AB的直線L（定理2）。

步驟2：在L上作出C點，使BC = AB（引理1）。

步驟3：在L上作出D點，使CD = BC。

步驟4：將線段AB延伸，令得到的直線爲L*。

步驟5：以A爲圓心，線段AD長爲半徑，畫圓。令此圓與L*相交於E點，線段BE的長度就是我們要的$\sqrt{5}-1$。（利用畢氏定理，可證明AD = AE = $\sqrt{5}$，因此可知線段BE的長度就是$\sqrt{5}-1$。）

引理3：給定一直線及一個角，就可以作出頂點與一邊在該直線上的一個角，使其角度與給定的角相等。

證明：如次頁上圖所示，給定∠AOB、直線L，及頂點P。作圖的步驟如下：

步驟1：以O爲圓心，任意長度爲半徑，畫一個圓。（這個圓與∠AOB的兩邊交於C、D兩點。）

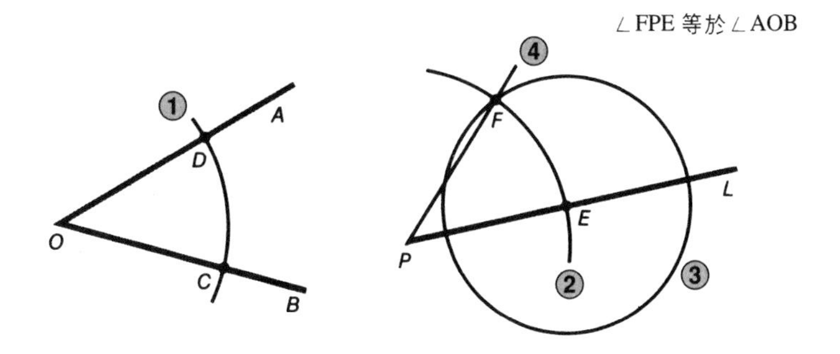

步驟2：以P為圓心，步驟1的半徑為半徑畫圓，令此圓與直線L相交於E。

步驟3：以E為圓心，C、D的距離為半徑畫圓。此圓與步驟2所畫的圓有兩個交點，令其中一點為F。

步驟4：通過P、F兩點畫一條直線，則∠FPE等於∠AOB。

引理4：給定一直線以及線外一點，則可作出一條通過該點、並與已知直線平行的直線。

證明：如次頁上圖所示，給定一點P，一直線L。

步驟1：在L上任選一點Q。

步驟2：通過P、Q兩點作一直線。

步驟3：利用引理3，以P為頂點，直線PQ為一邊，作一個與∠PQL相等的角；則所作的角的另一邊，就是我們要的L的平行線L*。

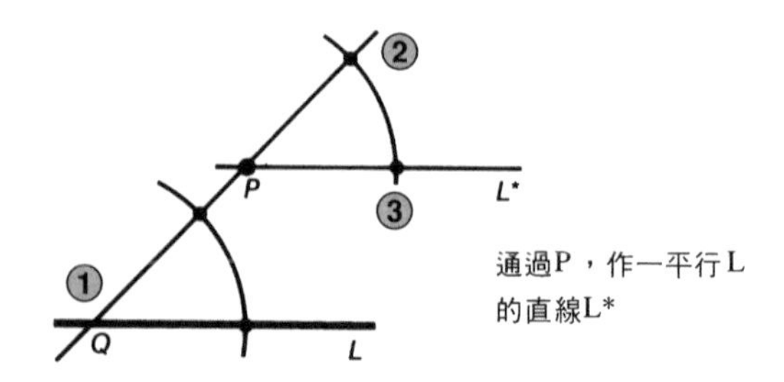

有了引理4，我們就能回答「線段能否三等分」的問題。

定理4：利用直尺與圓規，能三等分任何線段。

證明：給定線段AB 。

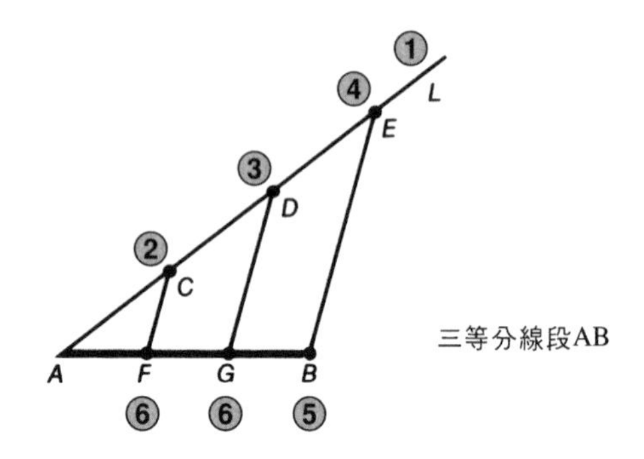

步驟1：通過A，畫任意一條直線L 。

步驟2：在L 上任選一點C 。

步驟3：在L 上作一點D ，使CD = AC（引理1）。

步驟4：在L 上作一點E ，使DE = CD（引理1）。

步驟5：通過B 、E 兩點畫一條直線。

步驟6：通過D、C兩點，作平行EB的直線（引理4）。

在步驟6作出的兩條平行線，與線段AB分別相交於G、F兩點，並將AB分割成等長的三個線段：AF、FG與GB。因此證明了如何將任意線段三等分。

證明定理4的方法，也可用來把給定的線段做成任意等份。將引理1與定理4合併，就可以由長度爲1的線段開始，作出長度爲任意正有理數的線段；而由引理2，我們看到也可以作出長度爲某種無理數的線段。但後面的定理6將指出，我們不可能作出任意給定長度的線段。

現在我們先回到前面的第二個問題：「能不能用直尺與圓規三等分給定的任意一個角？」例如，我們能否三等分90°的角？或換句話說，我們能不能用直尺與圓規，作出30°的角？這並不難，且看定理5的證明，你就會明白了。

定理5：我們可以用直尺與圓規，三等分一個90°的角。

證明：我們只需作一個30°的角（由引理3，我們可以再作一次這個角，就能把給定的90°角三等分了)。首先，照下列步驟作出一個等邊三角形（如次頁上圖所示）：

步驟1：畫任意一條直線L，並在L上選A、B兩點。

步驟2：以A、B爲圓心，而以AB長爲半徑，分別畫一個弧。

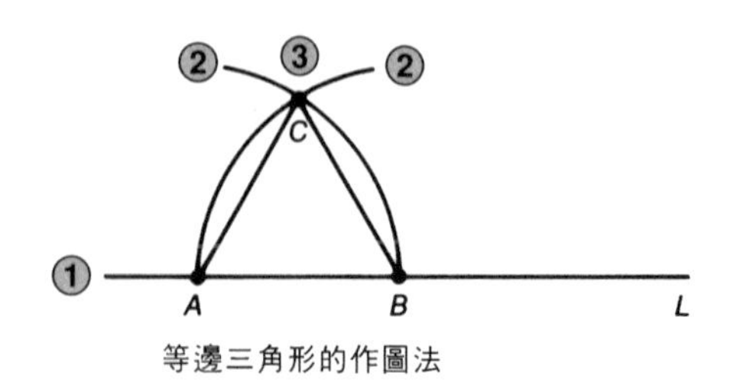

等邊三角形的作圖法

令C為兩弧的其中一個交點。因為三角形ABC的三邊相等，所以三個角也相等，而三角形的三內角和為180°，因此每個角都是60°。把任何一個角平分（定理3），就可以得到30°角。故得證。

一個45°的角也能用直尺與圓規三等分；只要先作出定理5的30°角，再用定理3的方法將這個角平分，就能得到一個15°角，最後再利用45°角的其中一個邊來作這個15°角的全等角，就把45°角三等分了。但是在十九世紀，有人證明了某些角度不可能用直尺與圓規三等分。這其實是定理6的結論。

定理6：用直尺與圓規無法三等分一個60°的角。

雖然我們在這裡沒辦法完整證明出定理6，但我準備把證明過程簡化成一個代數敘述，使大家更容易接受這項事實。

在這之前，我們首先換個角度來看待定理6。若我們能三等分一個60°角，就能作一個20°角，接著在這個20°角的另一邊再作一個20°角（引理3），就能得到一個40°角。有了這個40°角，我們可以用同一個頂點畫出九個40°角，然後以該頂點爲圓心畫圓，這就作成了一個內接正九邊形：

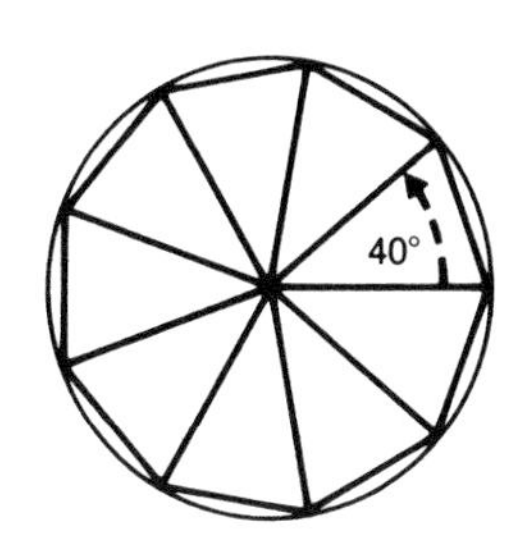

因此定理6等價於：用直尺與圓規無法在圓內作出內接正九邊形。

我們現在要用這個角度，仔細研究一下問題。在這個角度下，定理6引發了一個新問題：用直尺與圓規，能畫出哪些正n邊形（n = 3、4、5、……）？從現在開始，我要用「能作圖的」代表能用直尺與圓規來作圖。

n = 6的情形（六邊形）是能作圖的，因爲作60°角不成問題。正三角形的作圖，說明了n = 3的情形也能作圖，而90°角的作圖則說明n = 4（正方形）時也能辦到。平分90°角的作圖，是n = 8的情形（八邊形)。因此，由3到10的整數中，我們知道正n邊形在n = 3、4、6、8時是能作圖的。

定理6討論的是n = 9的情形。n = 5（五邊形）以及n = 10（十邊形）是等價的，因爲若其中一個能作圖，另一個也行，反之亦然。n = 7的情形就像n = 9一樣，也是不能作圖的，證明的方法類似定理6，所以我們就省略不提了。

在介紹定理6的證明大綱之前，我們先來看定理7及其完整的證明。

定理7：用直尺與圓規，能作出72°（= 360°/5）角，由此可作出正五邊形。

證明：令F是單位圓上的一個複數，角度是72°，那麼由複數乘法的幾何定義，1、F、F^2，F^3、F^4就是正五邊形的五個頂點。

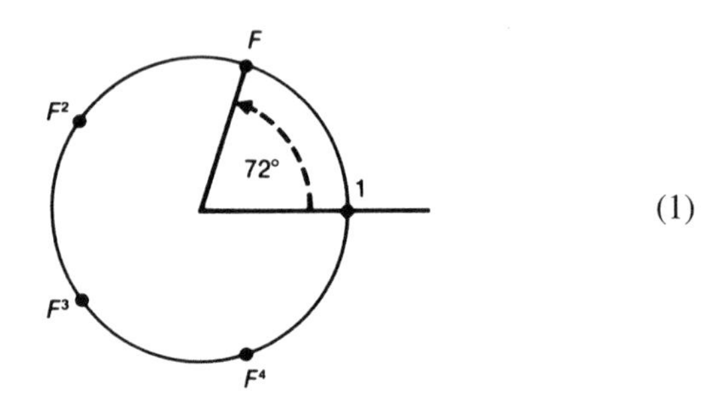

(1)

我們將間接作出F點。首先，我們要作出在F正下方、而且在通過圓心的水平線上的點Q，接著利用定理2，找出F（單位圓的半徑為1）。令Q到圓心的距離為a，如圖(2)所示。

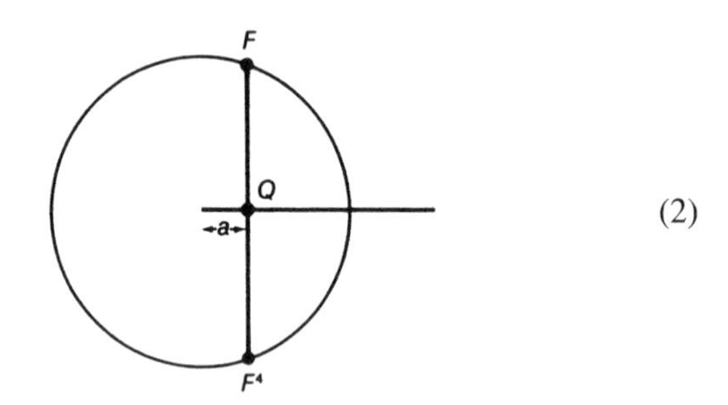

(2)

由等比級數和的公式，可得

$$1 + F + F^2 + F^3 + F^4 = \frac{F^5 - 1}{F - 1}$$

而$F^5=1$，所以

$$1+F+F^2+F^3+F^4=0 \quad (3)$$

檢查一下圖(2)，並回想一下複數加法的幾何定義，就會得到

$$F+F^4=2a \quad (4)$$

將等號兩邊平方，可得

$$F^2+2F^5+F^8=4a^2 \quad (5)$$

但是

$$F^5=1 \qquad 且 \qquad F^8=F^5\cdot F^3=F^3$$

因此(5)式可化簡成

$$F^2+2+F^3=4a^2$$

也就是

$$F^2+F^3=4a^2-2 \quad (6)$$

將(3)、(4)與(6)式合併，可得

$$\begin{aligned}0&=1+F+F^2+F^3+F^4\\&=1+(F+F^4)+(F^2+F^3)\\&=1+2a+4a^2-2\\&=4a^2+2a-1\end{aligned}$$

因此，a 是下列方程式的根：

$$4X^2+2X-1=0 \quad (7)$$

但是，方程式(7)的根又是多少？(7)式與第16章第50頁

的方程式(3)很像，因此我們可以試著解看看。首先在等號兩邊同除4，可得到

$$X^2+\frac{1}{2}X-\frac{1}{4}=0$$

接著，在等號兩邊加上$(\frac{1}{4})^2=\frac{1}{16}$：

$$X^2+\frac{1}{2}X+\left(\frac{1}{4}\right)^2-\frac{1}{4}=\frac{1}{16} \tag{8}$$

現在，式(8)可以改寫成：

$$\left(X+\frac{1}{4}\right)^2=\frac{1}{4}+\frac{1}{16}=\frac{5}{16}$$

因此，對(7)式的任何一個根R，

$$R+\frac{1}{4}=\sqrt{\frac{5}{16}} \quad \text{或} \quad R+\frac{1}{4}=-\sqrt{\frac{5}{16}}$$

換言之，(7)式的兩個根就是：

$$-\frac{1}{4}+\frac{\sqrt{5}}{4} \quad \text{與} \quad -\frac{1}{4}-\frac{\sqrt{5}}{4} \tag{9}$$

因爲a是(7)式的根，故a必爲(9)式的兩數之一。但a是正値，而$-1/4-\sqrt{5}/4$是負的，所以我們知道

$$a=-\frac{1}{4}+\frac{\sqrt{5}}{4}$$

或寫成

$$a=\frac{\sqrt{5}-1}{4}$$

由引理2，可知a是能作圖的，因此F點也是能作圖的。故定理7得證。

前面提過，我們在這裡只能爲定理6（內容關於三等分一個60°角），給個證明的綱要。下面就是這部分。

定理6：用直尺與圓規無法三等分一個60°的角。

證明大綱：參考了前文之後，我們只要證明無法用直尺與圓規作出正九邊形。

令G是單位圓上的複數，角度爲40°。所以1、G、G^2、G^3、……、G^8這九個點，就是正九邊形的頂點。若能作出點G，則定理2會保證我們作得出在G正下方、而且在通過圓心的直線上的P點。如下圖所示，我們稱P到圓心的距離爲c：

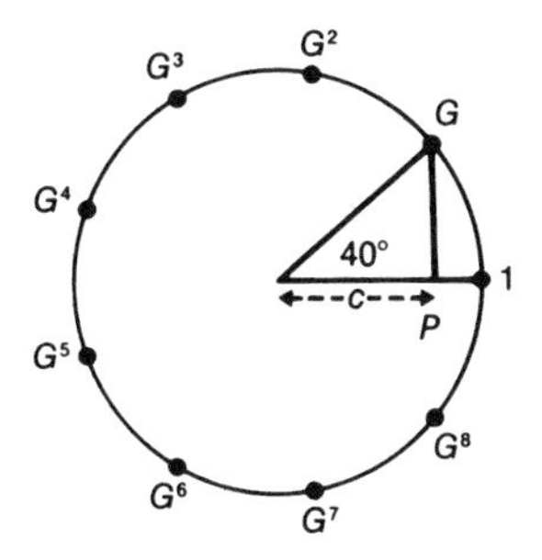

我們將找一個以c爲根的多項式。藉由這個多項式，我們可以用代數方法分析這個問題。仔細觀察之後，會發現

$$G + G^8 = 2c \qquad (10)$$

這個方程式只是簡單反映出複數加法的定義。把等號兩邊平方，可得

$$G^2+2G^9+G^{16}=4c^2 \tag{11}$$

但是$G^9=1$，$G^{16}=G^7\cdot G^9=G^7\cdot 1=G^7$，因此(11)式可化簡為

$$G^2+2+G^7=4c^2$$

因此就得到

$$G^2+G^7=4c^2-2 \tag{12}$$

把(10)與(12)相乘，會變成

$$(G+G^8)(G^2+G^7)=2c(4c^2-2)$$

因此，

$$G^3+G^8+G^{10}+G^{15}=8c^3-4c \tag{13}$$

但$G^{10}=G^9\cdot G=G$，而且$G^{15}=G^9\cdot G^6=G^6$，因此，(13)式告訴我們

$$G^3+G^8+G+G^6=8c^3-4c \tag{14}$$

把(10)代入(14)，可得

$$G^3+2c+G^6=8c^3-4c$$

或

$$G^3+G^6=8c^3-6c \tag{15}$$

我們知道G^3的角度是120°，而G^6在G^3的正下方。仔細看次頁上圖裡由兩個等邊三角形構成的平行四邊形，

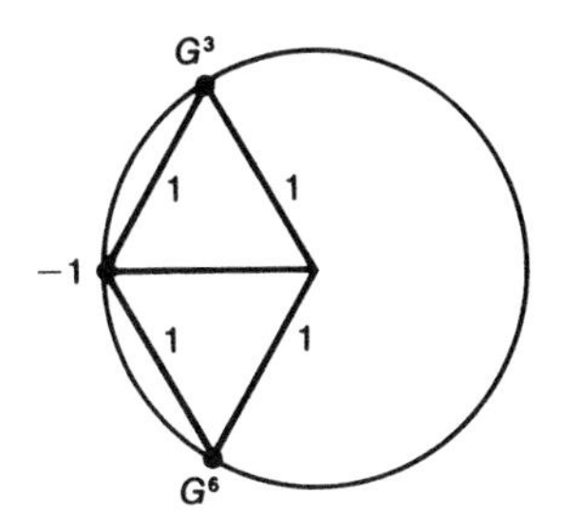

就會發現：

$$G^3 + G^6 = -1$$

由(15)式，可得

$$-1 = 8c^3 - 6c$$

或化成

$$8c^3 - 6c + 1 = 0$$

因此，c 是下列方程式的根：

$$8X^3 - 6X + 1 = 0 \tag{16}$$

我們在這裡得到一個結論，就是c是個代數數，但這個結論並不能保證我們可以作圖找到c。能作圖的數是一種特別的代數數，如$(\sqrt{5}-1)/4$，必須是能夠用加、減、乘、除四則運算與平方根來表示的數。利用代數方法，可以證明(16)式的根無法重複運用上述五種運算來獲得。因此，20°角無法用直尺與圓規作出來。以上就是證明的綱要。

高斯在17歲的時候，就判斷出哪些n多邊形可以用直尺與圓規作圖。他藉由複數的協助，證明出讓一個n多邊形可作圖的幾個條件：當n做質因數分解之後，除了2之外，沒有其他質數出現超過一次，以及如果有2以外的質數P出現，P必須比2的乘方數大1。（因此，我們能作出五邊形、十七邊形或六十五邊形，但作不出九、十三或二十五邊形。）

如果你仔細複習一下本章，會發現許多不同的數學領域出現。幾何方面有畢氏定理，可用來解釋各種不同的作圖結果，如線段的二等分或三等分；代數方面有公式$1 + X + X^2 + X^3 + X^4 = (X^5 - 1)/(X - 1)$，以及解方程式$4X^2 + 2X - 1 = 0$的技巧；複數方面（屬於代數的一部分）則是將幾何問題轉換成代數問題的技巧。最後，在定理6的證明最後（指出方程式$8X^3 - 6X + 1 = 0$的根無法表示成平方根），則是向量空間（vector space）的理論，也是代數的一部分。

顯然，數學宇宙的軌道是以不可思議的方式，彼此糾結、纏繞在一起的。

數學健身房

1. 給定兩條長度分別為a與b的線段，利用直尺與圓規，作一個長為a + b的線段。
2. 已知三個線段長度分別為1、a與b，請說明下面這個作圖所作出的線段CD，長度為ab，即a與b的乘積。

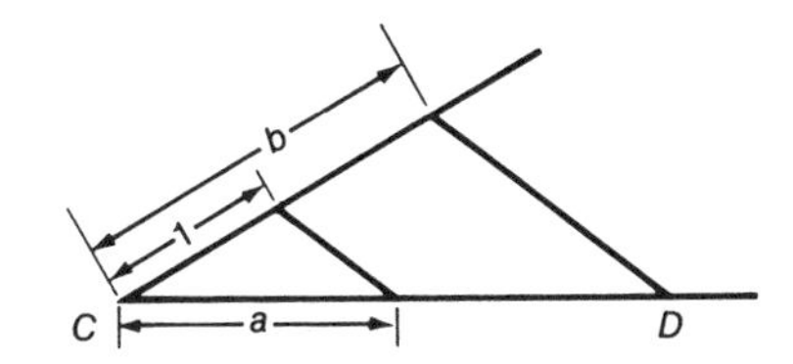

3. 如下圖所示，給定三個線段的長度分別為1、a與b，請說明作出的線段CD的長度為a/b。

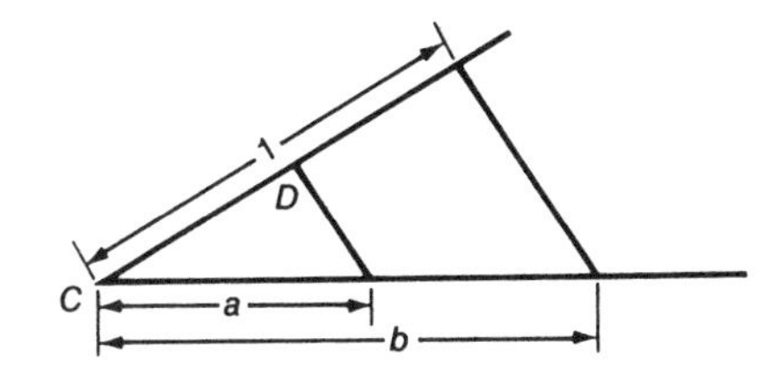

4. (a) 利用直尺與圓規，將一已知線段平均分為7等份。
   (b) 以類似的方式把相同線段分為10等份。
   (c) 利用(a)與(b)，指出5/7或7/10哪個比較大。
5. 我們無法作出長為一給定圓的圓周的線段（因為≠是超越數）。

請說明要如何作出一些線段，使它們的和盡可能接近這個圓的圓周。

6. (a) 若AB為圓的直徑，則內接於圓的任意角ABC一定是90°，為什麼？

   (b) 請證明下圖中的線段CD長度為$\sqrt{a}$。（提示：△ADC與△CDB為何相似？）

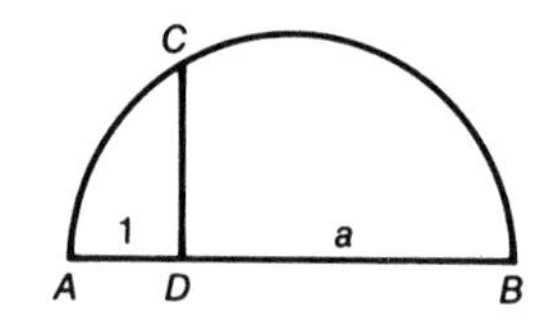

   (c) 給定長度為1與a的線段，要如何作出長度為$\sqrt{a}$的線段？

   (d) 接續(c)，作出長度為$\sqrt{3}$與$\sqrt{5}$的線段。

7. 請說明如何用直尺與圓規，將已知線段分成五等份。

8. 假設你畫了一個圓，但是忘了圓心在哪裡，你要如何用直尺與圓規找出圓心？（提示：畫兩條通過圓心的線。）

9. 用直尺與圓規，作一個正五邊形。

10. 本題是在指出$1 + F + F^2 + F^3 + F^4 = 0$（其中的F，是定理7證明過程中的複數），而且不必用到等比級數和的公式。

    (a) 令$S = 1 + F + F^2 + F^3 + F^4$，請證明$FS = S$。

    (b) 由(a)，可推導出$S = 0$。

11. (a) 參考定理6的證明，作一個40°的角，並量一下c的長度。

    (b) 你量到的c值，會讓$8c^3 - 6c - 1$接近0嗎？

12. 下面這些角度，哪些是可作圖的？哪些不可作圖？

    (a) 20°，　(b) 10°，　(c) 12°，　(d) 3°，　(e) 36°，

(f) $22\frac{1}{2}°$，(g) $15°$，(h) $1°$，(i) $1\frac{1}{2}°$。

13. 定理6的證明的代數結果，是依據下面這個定理：

定理：令A、B、C、D均為整數。若方程式$AX^3 + BX^2 + CX + D = 0$沒有有理數根，則該方程式的根都無法用直尺與圓規作圖。

(a) 請證明方程式$X^3 - 2 = 0$並無有理數根。

(b) 請推演出下列結論：我們不可能用直尺與圓規，作出一個體積為給定立方體2倍的立方體的邊長。

14. 延續第13題。請證明方程式$8X^3 - 6X + 1 = 0$無有理數根。

（提示：令M/N為該方程式的根，其中M、N均為整數，且除了1或−1外沒有其他公因數。你可以證明$8M^3 - 6MN^2 + N^3 = 0$，並證明能滿足這個方程式的唯一整數解只有$M = 0$與$N = 0$。）

15. 延續第13題。本題將指出正七邊形是不可作圖的。令H是單位圓上的複數，角度為$(360/7)°$。令S位在H點下方、且在通過圓心的水平線上。稱S至圓心的距離為d。現在我們要像正九邊形的例子，來處理正七邊形。

(a) 證明$G + G^6 = 2d$。

(b) 證明$G^2 + G^5 = 4d^2 - 2$。

(c) 證明$G^3 + 2d + G^4 = 8d^3 - 4d$。

(d) 證明$8d^3 + 4d^2 - 4d - 1 = 0$。

(e) 請完成整個論述。

16. 進行下列正六邊形的作圖，並解釋為何可行。

步驟1：畫一個圓。

步驟2：在圓上隨意標一點P_1

步驟3：保持原來的半徑，以P_1為圓心畫一個圓，令此圓與步驟1的圓相交於P_2。

步驟4：重複步驟3，這次以P_2為圓心。令交點為P_3。

步驟5：以同樣的方式作出P_4、P_5及P_6。

P_1、P_2、P_3、P_4、P_5及P_6這六個點，就是正六邊形的頂點。（請注意，直尺在本題並未用到。）

17. 正10邊形很容易由正5邊形構成，只要把72°的角平分就行了。我們在這裡列出直接作正10邊形的大略步驟（由此也可以得到正5邊形）。

如下圖，我們已經有一個等腰三角形OAB，其中OA = 1 = OB，OC = x，而∠AOB = 36°。虛線AC平分∠OAB。

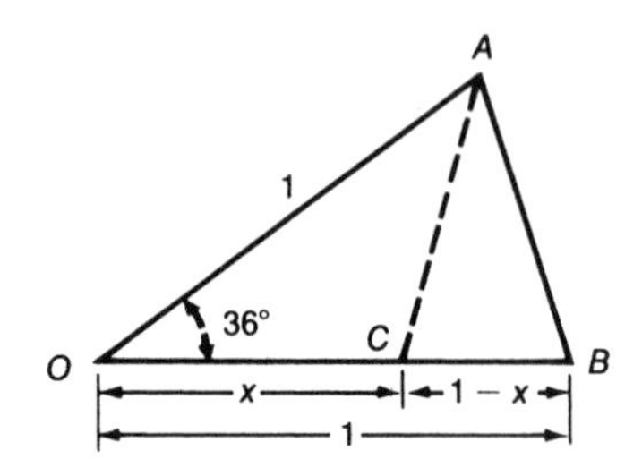

(a) 請證明∠CAB是36°，而BC = 1 – x。

(b) 請證明△AOB與△CAB相似。

(c) 利用(c)，證明 $x = (\sqrt{5} - 1)/2$。

(e) 利用(d)，說明如何作36°的角，進而作出正10邊形。

✎

18. 有沒有可能用直尺與圓規作出下列結果？
    (a) 把圓周平分成五等份的圓弧。
    (b) 把已知線段平分成五等份。
    (c) 把圓周平分成11段圓弧。
    (d) 把已知線段平分成11等份。
19. (a) 試證：任意奇數N，是兩個平方數的差。
    (b) 利用(a)，提出作$\sqrt{N}$的另一個作圖法。
    (c) 續(b)，請作出$\sqrt{5}$來說明。
20. 下面這個聲稱「可三等分∠AOB」的做法有何問題？
    「以O為圓心畫一個圓。這個圓與∠AOB的兩邊交於C、D兩點。在線段CD上作一點X，使線段CX為CD的三分之一。則∠COX就是∠AOB的三分之一。」
    上面的陳述正確嗎？如果不正確，錯在哪裡？
21. 量角器上的刻度是以1°為區間的，特別是刻出了那些不能作圖的角度，如40°。這為何與定理6不衝突？
22. 阿基米得（Archimedes）曾依下列步驟三等分一個角：
    步驟1：以角的頂點O為圓心畫一個圓。令它的半徑為r，而角的兩邊與圓相交於A、B兩點。
    步驟2：在直尺上標示出兩點P與Q，使PQ之間的距離為r。
    步驟3：把直尺放在圖上，並讓P點落在通過O、A兩點的直線上，而且使Q點落在圓周上，使直尺（PQ的直線）通過B點。

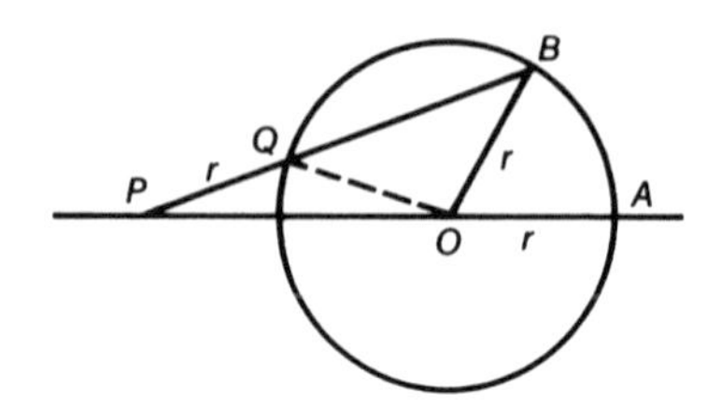

(a) 試證：直尺與通過O、A的直線所夾的夾角，等於∠AOB的三分之一。

(b) 爲何(a)與定理6並不衝突？

23. 給定一個半徑爲r、圓心爲O的圓，以及圓外一點P。點Q在線段OP上，使得OP・OQ = r^2，而Q稱爲P對應於圓的「反演點」(inverse point)。

(a) 試證Q點在圓內。

(b) 若給定O、P及圓，請說明下列作Q點的作圖法的正確性。

步驟1：以P爲圓心，PO爲半徑畫圓。

步驟2：令這個圓與給定的圓相交於R、S兩點。

步驟3：以R爲圓心，RO爲半徑畫圓。

步驟4：以S爲圓心，OS爲半徑畫圓。

步驟3與4所畫的兩圓，會相交與O及另外一點Q，此Q點即爲P相對於給定圓的反演點。

24. 採用下面的做法，可以只用圓規就能平分已知線段AB。

(1) 以B爲圓心，AB爲半徑畫圓。

(2) 由A點開始，以相同的半徑在圓周上連續標三個點，形成連續三個弧。第三段圓弧的末端應該在通過A、B兩點的直線上，稱它爲P點。

(3) 以A爲圓心，AB爲半徑畫圓。

(4) 作出P點相對於步驟(3)所作的圓的反演點Q。

這個Q點就是AB的中點。請注意，在作Q點的時候（請見第23題），只用到了圓規。

25. 延續第24題。

(a) 已知一條繩子上有三顆珠子，彼此之間的距離相等。請問要如何用一個手電筒照這三顆珠子，使它們在平面上的影子的距離不同？

(b) 試證明不可能僅用直尺平分已知線段。

26. 在瓶蓋或圓紙片的中心鑽個小孔，然後在桌旁亮電燈或打開手電筒。

(a) 請用實驗來說明，我們有可能改變瓶蓋傾斜的角度，使蓋子只有一點接觸桌面，而且它的陰影是個圓形。（我們能以幾何的方法證明這是可能的。）

(b) 請觀察透過小孔的光點是否在陰影的中心。

(c) 在下圖中，M與M* 分別爲線段AB與BC的中點。試證MM*

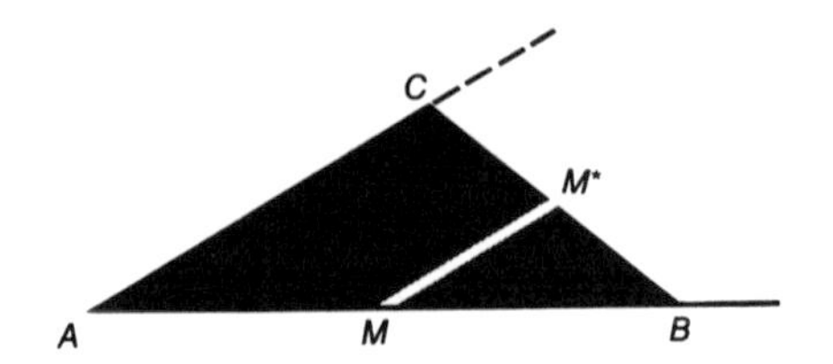

平行AC；並利用這個結果，證明(b)所提到的中央小孔不是圓形「陰影」的圓心。

(d) 利用(a)與(c)，證明不可能只用直尺來作出已知圓的圓心。

在第27至30題，我們將利用複數來介紹並發展數學的另一個分支，即三角學（trigonometry）。

27. (a) 畫一個半徑爲10公分的圓。爲了方便起見，我們以10公分爲長度的度量單位，1；因此，所畫的圓的半徑爲1，並稱爲「單位圓」。

(b) 通過此圓的圓心，畫一條鉛直線及一條水平線。

(c) 對任何一個正數A，考慮一條由圓心發出的射線，與水平線形成一個A°的（逆時鐘旋轉的）角，如圖所示。這條射線與單位圓相交於P點。若把P點考慮成複數，則可寫成a + bi的形式。

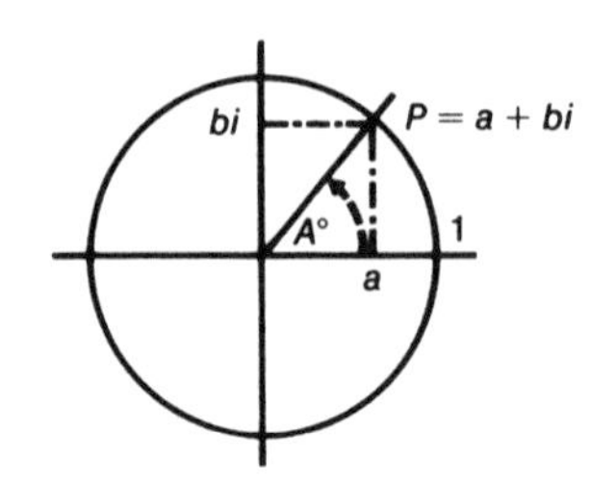

(d) 我們稱a爲「A的餘弦」，b爲「A的正弦」，並寫成

$$\cos A = a \qquad \sin A = b$$

例如，我們不難看出

$$\cos 0^\circ = 1 \qquad \sin 0^\circ = 0 \quad ; \quad \cos 90^\circ = 0 \qquad \sin 90^\circ = 1$$

利用你的直尺，找出$\cos 20^\circ$及$\sin 20^\circ$到小數點第二位。

(e) 利用你的直尺，填完下表的空格（已經幫你填好兩個值）。

A	0	10	20	30	40	60	80	100	180
cos *A*									−1
sin *A*						0.87			

請注意，一個數的正弦及餘弦值也是一個數，就像一個數的立方也是一個數。「角AOB的餘弦」其實是「表示角AOB的大小的這個數的餘弦」的簡單說法。

28. 請證明對任意一個數A，$(\cos A)^2 + (\sin A)^2 = 1$。

29. (a) 爲何$(\cos A + i \sin A) \otimes (\cos B + i \sin B) = \cos (A + B) + i \sin (A + B)$？（$\otimes$代表複數的乘法）

(b) 由(a)推演出

$$\cos (A + B) = (\cos A)(\cos B) - (\sin A)(\sin B)$$

$$\sin (A + B) = (\sin A)(\cos B) + (\cos A)(\sin B)$$

這兩個方程式是三角學的要素。

(c) 以$A = 20^\circ$，$B = 40^\circ$，檢查(b)中的兩個方程式。

30. 由29(b)，推演出

(a) $\cos 2A = (\cos A)^2 - (\sin A)^2$，也等於$2 (\cos A)^2 - 1$（由第28題）。

(b) $\sin 2A = 2(\cos A)(\sin A)$。

31. (a) 利用單位圓的圖，證明$\cos 45^\circ = \sin 45^\circ$。

(b) 將(a)與29(b)結合，推導出$\cos 45^\circ = \sqrt{2}/2$。

32. 等邊三角形的三個內角都是60°。

(a) 請由上述事實以及單位圓的圖，推演出$\cos 60^\circ = 1/2$。

(b) 推演出$\sin 60^\circ = \sqrt{3}/2$。

33. 請證明$\cos 3A = 4(\cos A)^3 - 3\cos A$。（提示：把3A寫成2A + A，再應用29(b)及第30題。）

34. (a) 請由第32(a)及33題，導出$-1/2 = 4(\cos 40^\circ)^3 = 3\cos 40^\circ$。

(b) 由(a)，證明$\cos 40^\circ$是方程式$8X^3 - 6X + 1 = 0$的根。

(c) 試比較推導至(b)的論述及定理6的證明大綱。

35. 試證$\sin 30^\circ = 1/2$。

36. (a) 利用圖示來證明$\cos(A + 180^\circ) = -\cos A$。

(b) 利用29(b)，證明$\cos(A + 180^\circ) = -\cos A$。

37. 延續第33題。請就下列情況，檢查方程式$\cos 3A = 4(\cos A)^3 - 3\cos A$是否成立。

(a) $A = 0^\circ$，　(b) $A = 45^\circ$，　(c) $A = 90^\circ$。

38. (a) 為何$[\cos A+(\sin A)i]^3 = \cos 3A + (\sin 3A)i$？

(b) 利用(a)，以cos A及sin A來表示cos 3A。

39. (a) 以cos A表示cos 4A。

(b) 以cos A來表示cos 8A。

(c) 試證cos 140A為何能表示成cos A，但不必寫出表示式。

(d) 試證$\cos 1^\circ$是代數數。

40. (a) 已知$\cos 45^\circ = \sqrt{2}/2$，請以平方根來表示$\cos 22\frac{1}{2}^\circ$。

(b) 利用(a)，估算$\cos 22\frac{1}{2}^\circ$至小數點第二位。

(c) 利用圖示與量角器，估算$\cos 22\frac{1}{2}^\circ$。

41. 一個角的正弦值會有多大？會有多小？

42. 在計算無線電訊號的能量時，我們必須計算像下面這個式子的和：

$$(\cos 0)^2 + (\cos 1)^2 + (\cos 2)^2 + \cdots + (\cos 89)^2 + (\cos 90)^2 \qquad (17)$$

(a) 請證明(17)式的值與下列式子的值相等：

$$(\sin 0)^2 + (\sin 1)^2 + (\sin 2)^2 + \cdots + (\sin 89)^2 + (\sin 90)^2 \qquad (18)$$

(b) 試證(17)式與(18)式的和是91。

(c) 推演出(17)式的值是$45\frac{1}{2}$。

43. (a) 利用圖示，證明$\cos(A+B) + \sin(A+B)i$ 至$1+0i$ 的距離，等於$\cos A + (\sin A)i$ 到$\cos B - (\sin B)i$ 的距離。

(b) 請由(a)推演出29(b)的方程式成立。

44. 至目前爲止，在單位圓上的角度都是逆時針旋轉的。但是爲了方便起見，我們也可以考慮順時針旋轉出來的角度，並用負數來代表。因此，-40°的角就如下圖所示，而正弦與餘弦的定義還是與以前一樣。

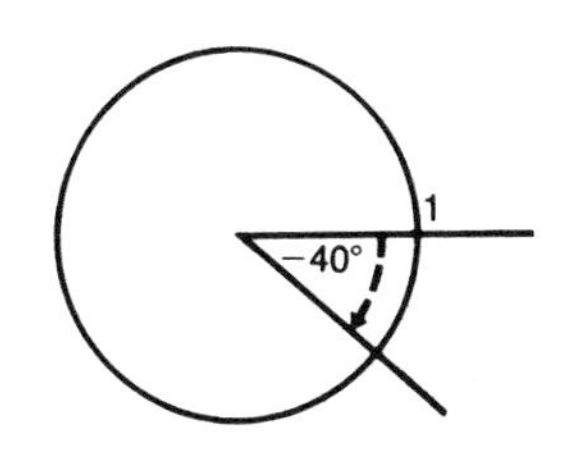

因此，

$$\cos(-40^\circ) = 0.77 \qquad \sin(-40^\circ) = -0.64$$

(a)藉由圖示的協助，試證

$$\cos(-A) = \cos A \qquad \sin(-A) = -\sin A$$

(b) 利用複數乘法的定義，證明

$$[\cos \boldsymbol{A} + (\sin \boldsymbol{A})\boldsymbol{i}] \otimes [\cos(-\boldsymbol{B}) + (\sin(-\boldsymbol{B})\boldsymbol{i}] = \cos(\boldsymbol{A} - \boldsymbol{B}) + [\sin(\boldsymbol{A} - \boldsymbol{B})]\boldsymbol{i}$$

(c) 試由(a)與(b)推演出：

$$\cos(A - B) = \cos A \cos B + \sin A \sin B$$

$$\sin(A - B) = \sin A \cos B - \cos A \sin B$$

(d) 用$A = 50^\circ$，$B = 20^\circ$，檢查(c)的兩個方程式。

45. 我們用圓來定義cos A 與sin A，不只是為了方便，也是因為在很多實際的應用裡，例如微積分，正弦及餘弦就是以這種形式出現的。但在一些工程與物理上的應用裡，若把正弦與餘弦看成與三角形有關，會很有幫助；這正是trigonometry（三角學）這個英文字的由來：tri 原意為「三」，gonon 的意思是「角」，而meter就是指「度量」。

已知一個直角三角形ACB，其中∠ACB = 90°，請證明∠BAC的餘弦值等於AC/AB，而∠BAC的正弦值等於CB/AB。

（提示：請注意，直角△ACB會與三邊為cos∠BAC、sin∠BAC及1的直角三角形相似。）

46. 延續45。第45題的內涵通常可以總結成下列兩個很簡潔的方程式：對一個直角三角形，

$$\text{角的餘弦} = \frac{\text{鄰邊}}{\text{斜邊}} \qquad \text{角的正弦} = \frac{\text{對邊}}{\text{斜邊}}$$

利用第27題的表，以及上面兩個方程式，解下列兩個問題：

(a) 若斜邊是20而角爲50°，求鄰邊。

(b) 若斜邊是100，角爲30°，求對邊。

47. (a) 試證下圖中的長方形面積等於4 sin A cos A。

(b) 利用(a)，證明在所有圓內接長方形當中，正方形的面積最大。（提示：請參考30(b)。）

48. 一個人把車開向一座高塔。最初他注意到塔頂與地平成20°角，繼續前進了1英里之後，他發現夾角變成30°。則塔有多高？

(a) 請畫一個比例圖來估算答案，用1英寸代表1英里。

(b) 以第27題的表來解題。

49. 有個人想度量圓形水塘的直徑，但可不想用牙齒咬著皮尺游過去。因此，他走向100英尺外的一個地點，量出水塘占了他60°的視角。請問他要怎麼由這個資訊算出水塘的直徑？

50. 畫一個半徑爲10公分的圓，用它來估算

(a) cos 21°與sin 21°；

(b) cos 35°與sin 35°；

(c) cos 56°與sin 56°；

(d) 利用(a)、(b)及(c)的答案，來檢查29(b)的方程式在A = 21°、B = 35°時是否正確。

51. 有個男孩以每秒v英尺的速率、（與地面夾）A°的仰角拋出一個球。若不考慮空氣阻力，可以知道球行進的水平距離是：

$$(v^2/16)\ \sin A \cos A \qquad (19)$$

(a) 試證(19)式就等於

$$\left(\frac{v^2}{32}\right) \sin 2A \qquad (20)$$

(b) 仔細檢查(20)式之後，你覺得男孩以什麼樣的仰角能把球投得最遠？

(c) 利用(19)式，證明當A = 20°與A = 70°時，球行進的水平距離相等。

延伸閱讀

[1] W. W. Sawyer, *A Concrete Apporach to Abstract Algelra*, W. H. Freeman and Company,1959.（這是介紹到向量空間的絕佳入門書，特別是書裡講到了20°角無法用尺規作圖作出來的完整證明，更是精采。）

[2] R. Courant and H. Robbins, *What Is Mathematics?*, Oxford Univ. Press, 1996 (2nd edition).（第3章談到了能否作圖的問題，包括能否只用圓規作圖的問題。）

第 18 章 Mathematics 無窮集合

至少從古希臘時代開始，人類就對「無限大」的想法深深著迷不已。誰不曾在夏夜欣賞著滿天星斗，想像著星星是否永無窮盡？1638 年，在《兩種新科學的對話錄》一書中，伽利略（Galileo Galilei, 1564–1642）甚至藉著文藝復興時期三位紳士的討論，道出了他對無限大的難題的看法。

在這一章，我們就來聽聽這段談話，仔細分析它的內容，並在判斷哪些說法正確、哪些有問題的過程中，順道介紹康托（Georg Cantor, 1845–1918）的幾個基本發現。德國數學家康托，在十九世紀末建立了有關無限的數學理論。

現在，我們來聽聽薩維亞提、辛普利奇歐，及沙革里多這三位紳士，對這個有趣問題的說法。

辛普利奇歐：這個難題我沒辦法解決。很明顯的，我們知道會有線段比另一條線段長，而每條線段都包含著無限多個點，因此我們被迫承認，在某個尺度上，我們可能有某樣東西比無限更大；因爲在長線段上的無限多點的個數，一定多於短線段上無限多點的個數。像這樣，把一個大於無限大的值指定給一個無限大的量，我實在無法理解。

薩維亞提：這一類的難題，就出現在我們嘗試以有限的思維模式來討論無限，而又套用一些與有限相關的性質時。我認爲這麼做是錯的，因爲當我們在談論無限的量時，不應該有比較的觀念，說誰比較大或比較小。爲了證明這個觀點，我想到一種論述的方法，而且爲了使問題清晰明確，我的論述方式是向你辛普利奇歐發問。

我想你應該知道哪些數是平方數，哪些不是。〔原書注：文中所談的「數」，是指自然數1、2、3、4、5、……，不包含0。〕

辛普利奇歐：這我當然知道。平方數是那些由自己乘自己所得到的數，像4、9等等，就是2、3等數的自乘結果。

薩維亞提：好極了。既然你知道一個數自乘會得到平方數，也應該知道平方根，而那些不等於兩個相等因數乘積的數，就不是平方數。因此，如果我主張，所有的數，包括平方數與非平方數，會多於平方數，我說的應該是事實，對吧？

辛普利奇歐：那當然。

薩維亞提：所以如果我進一步問有多少個平方數，得到的答案可能是，就像相對應的平方根一樣多，因爲每個平方數都有自己的根，而沒有任何一個平方數有兩個以上的根，也沒有任何一個根有超過一個平方數。

辛普利奇歐：千眞萬確。

薩維亞提：但是如果我進一步質問，到底有多少個平方根，那麼沒有人能否認，平方根與數一樣多，因爲每個數都是某個平方數的根。我們不得不承認，平方數與數一樣多，因爲平方數會與它們的根一樣多，而每個數都是某平方數的根。然而我們一開始就說，數比平方數多，因爲很多數並不是平方數，不僅如此，當數字變得很大時，平方數的比例還會相對減少。到了100的時候，只有10個平方數，占所有數的比例是1/10；到了10,000，只有1/100是平方數；到了一百萬時，平方數只占了1/1000。但在數字有無限多時，而且若一個人能眞正了解所謂無限的意義，他就被迫承認平方數與數是一樣多的。

沙革里多：在這種情況下，會有什麼結論？

薩維亞提：依我看，目前我們只能說，所有的數的總數是無限多的，平方數是無限多的，平方數的根也是無限多的；平方數的總數不少於所有數的總數，後者也不多於前者；最後，像「等於」、「多於」、「少於」這些適用於有限的屬性，都不適用於無限。因此，當辛普利奇歐拿幾個不同長度的線段來問我，爲什麼較長的線段所含的點，數目不可能比短線段的點多時，我回答他，兩條線段都包含了無限多點，而不是其中一條線段上的點比另一條多、少或同樣多。要是我回答他說，其中一條線段上的點的個數與平方數一樣多，而另一條線段上的點比第一條多，而在其中較短的線段上的點與立方數一樣多，那麼我的回答還是無法滿足他，因爲我雖然指出其中一條線段的點多於另一條線段，但兩個線段上都有無限多點，這還是說不通。

沙革里多：請等一等，讓我想一想剛才聽到的觀念。如果前面談的都是對的，好像不可能比較兩個無限的量，看誰大誰小……

在進一步分析這段談話，看看哪些正確、哪些有問題之前，我們先來介紹一些基本的名詞，再用它們來建構關於無限的理論。

首先說「集合」(set)。集合是指任何物體或數字的聚集。我們可以用「女孩子的集合」代替「一群女孩子」，用「羊的集合」代替「一群羊」，用「魚的集合」代替「一群魚」。例如在前文中，薩維亞提談到了平方數的集合1、4、9、16、……及數的集合1、2、3、4、……（他與康托都未把0包含在自然數之中；在本章裡我們也採取相同的做法。你會發現，如果康托當初也把0包含在自然數當中，他所做的無限研究只要稍作改變就行了。）

一個集合的元素（element）或元（member），是指組成集合的個體；例如，9是平方數集合的一個元素。一個集合可以少到只有一個元素。若兩個集合的元素相同，我們就說兩集合「相等」。

我們現在爲「個數相等」或「正好一樣多」這類說法，給一個精確的意涵。

如果有某種方法可以把集合S裡的元素與集合S′裡的元素配對，我們就稱兩集合S與S′「等勢」(conumerous，或稱「等數」)；如果S裡的所有元素都能與S′裡的所有元素配對，就把這種配對稱為S與S′之間的「一一對應」(one–to–one correspondence)。(比方在一夫一妻制的國家裡，丈夫的集合H與妻子的集合W，就是等勢的，兩集合之間的一一對應，會讓每位丈夫與他的妻子配對。)

薩維亞提所說的就是，平方數1、4、9、16、……的集合與自然數的集合是等勢的。下圖顯示的就是他為這兩個集合定義的一一對應，其中的每個平方數都對應到它的平方根，符號⟷表示「配對」。附帶說明一下，我在後面通常會用「等勢」一詞，取代「數目相同」。

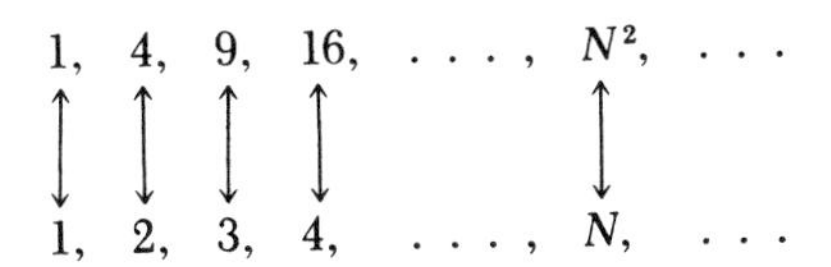

如果A集合與B集合等勢，而B集合又與C集合等勢，則A集合與C集合也是等勢的。這項原理會用在許多地方。

對於兩集合S′與S，如果S的每個元素同時也是S′的元素，我們就稱S是S′的子集合(subset)；舉例來說，每個集合都是自己的子集合。因此，平方數的集合是所有自然數集合的子集合。會讓前面三位紳士與我們自己驚奇的是，集合S的一個子集合，居然可以與S等勢，但並不全然等於S。

在討論集合時，大括號{ }就用來代表「元素為某某的集合」。因此，{4, 7}是兩個元素的集合，元素分別為4與7，而{1, 2, 3, …}是自然數的集合（本章談的自然數不包括0）。

集合S的「眞子集」(proper subset)，是指不含S本身的任何子集合；例如，{1, 2, 3}有六個眞子集：{1}、{2}、{3}、{1, 2}、{1, 3}及{2, 3}。你可以試著檢查看看{1, 2, 3, 4}是否共有14個眞子集。

自然數的集合{1, 2, 3, …}（以後簡稱爲N），與它的很多眞子集等勢，而不只是與平方數的集合等勢。正如薩維亞提所說的，N與立方數的集合也是等勢的。（你可以設計出一種很簡便的一一對應關係。）

同樣的，N與所有質數的集合也是等勢的。在自然數的集合N與所有質數之間，很容易設計出一種一一對應關係：比方說把1與最小的質數配對，2與第二大的質數配對，3與下一個質數配對……以此類推。由於2是第一個質數，其次是3，再來是5……，我們就會得到下面這個對應關係（其中的P_N代表第N個質數）：

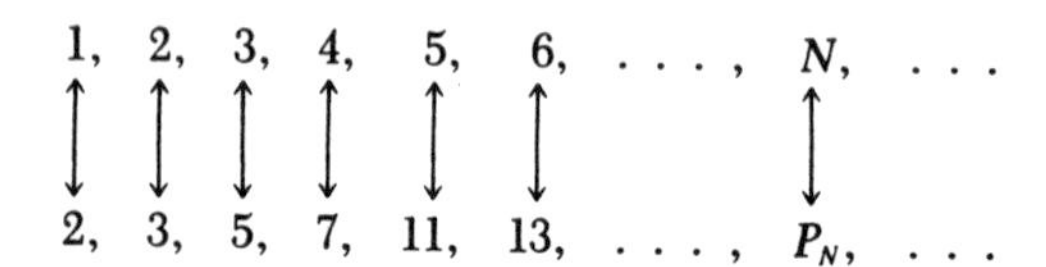

同樣的，0到2線段上的所有點所組成的集合A，與0到1線段上所有點組成的集合B，也是等勢的。要證明這種說法是正確的，我們必須在集合A與集合B之間找到一種配對的方法。有一個簡單的方法，是把A裡的每個元素a，對應到a/2，而a/2正好是B集合裡的元素。（請仔細看，利用這種方式，B集合裡的每個元素b，就會與A集合裡的某個元素配對，也就是2b。）

因此，辛普利奇歐的說法，「長線段上的無限多點，多於短線段上的無限多點」，並不正確；雖然兩集合的其中一個，是另一個集合的眞子集，但這兩個集合卻是等勢的。

這種現象在日常生活裡並不會發生，所以看起來很奇怪；畢竟，{1, 2, 3, 4}這一集合的所有十四個眞子集，沒有一個與它等勢，這一點各位可以自行驗證看看。這種對比，是所謂的有限集合與無窮集合的基本差異。

如果一個集合與一個自然數的集合{1, 2, 3,⋯, n}等勢（對某個自然數n而言），我們就稱此集合爲有限集合（finite set）；例如太陽系的行星集合是有限集，因爲它與集合{1, 2, 3, 4, 5, 6, 7, 8, 9}等勢。反之，任何不是有限集的集合，就稱爲無窮集合（infinite set）；例如，質數的集合是無窮集合（第2章定理2），至於孿生質數的集合是有限或無限，則沒人知道。

你可以輕易驗證出：沒有一個有限集合與本身的眞子集等勢。但對於無窮集合，就如薩維亞提所說的，這一點並不成立。事實上在1887年，德國數學家戴德金（J. W. R. Dedekind, 1831–1916）就是根據這一點，做出無窮集合的定義。

對於A、B兩個有限集合，若A與B的一個子集合等勢，且B與A的一個子集合等勢，則A與B等勢。這項原理對無窮集合也成立，稱爲「施洛德—伯恩斯坦定理」(Schroeder–Bernstein Theorem)，不過證明起來需要高深的數學知識。

雖然在一個有限集合裡，元素的個數多於任何眞子集裡元素的個數，辛普利奇歐還是要很小心，不該一下子就跳到下列結論：「長線段上的無限多點的個數，要比短線段上多。」在討論無窮集合時，除非已經給了精確的定義，否則不能用「多於」這種字眼。至於薩維亞提所說的「我們不能說一個無限的量是大於、小於或等於另一個無限的量」或「像『等於』、『多於』、『少於』這些適用於有限的屬性，都不適用於無限」是否正確，則一直到1873年才解決。

薩維亞提與沙革里多似乎都認爲，任何兩個無窮集合都是等勢的。證據似乎相當有說服力：集合N、平方數的集合、立方數的集合，以及質數的集合，這四個集合都是等勢的。事實上，我們可以證明下面這個定理：

定理1：N的任何一個無窮子集合都與N等勢。

證明：令N′是N的一個無窮子集合，則N′包含一個最小的元素，我們稱之爲n_1，並把它與1配對。再假設n_2是N′集合裡除了n_1之外的最小元素，我們把它與2配對。接下來，令n_3是N′中除了n_1與n_2之外的最小元素，並將n_3與3配對。用這種方式，我們可以逐漸把N′裡的元素，逐一與N的元素配對：

$$\begin{array}{llllll} N & 1, & 2, & 3, & 4, & \\ & \updownarrow & \updownarrow & \updownarrow & \updownarrow & \cdots \\ N' & n_1, & n_2, & n_3, & n_4, & \end{array}$$

因爲N′是無窮集合，因此集合N的所有元素都能用這種方法來配對。不僅如此，集合N′的每一個元素最後都會與N的元素對應。事實上，若n′是N′的一個元素，則在N′集合裡最多只有n′−1個元素小於n′。因此，由我們的配對規則，n′眞的可以對應到N裡的某個元素，而且不大於n′。

薩維亞提及沙革里多的看法，還有更進一步的證據支持；我們觀察到在0與1之間的實數的集合，與0到2的實數集合等勢，不僅如此，任意兩個同心圓的圓周也是等勢的，如下圖所示：

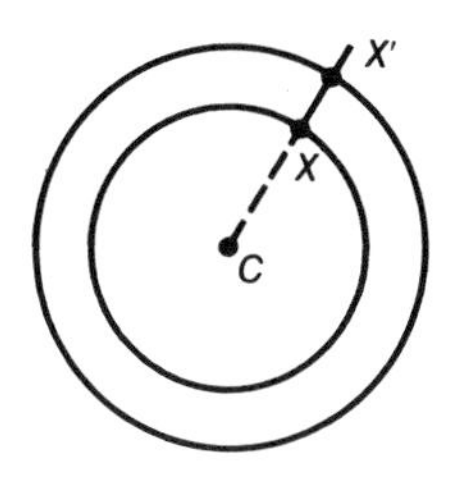

如果圖中的X與X′都落在同一條由圓心C發出的射線上，這兩個點就可以配成一對。（相同的方法也可以應用於非同心圓的配對。）

下圖指出，圖中的任何兩條線段都是等勢的：讓兩線段AB及A′B′相互平行，並且令通過A、A′的直線與通過B、B′的直線相交於C點。接下來，若X、X′與C三點共線，就把X對應到X′。

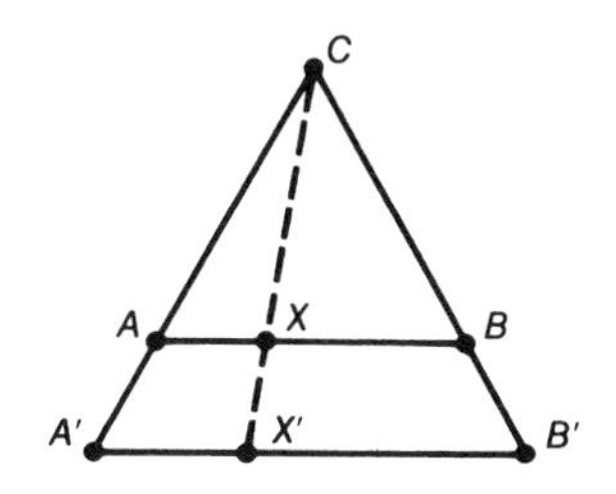

薩維亞提繼續說：「一線段上的點的個數就等於平方數的數量。」但他並沒有多花力氣證明他的說法正確。也許他心裡想要講的是：

薩維亞提：對我來說，平方數1、4、9、……與0到1之間的實數集合是等勢的，這很明顯。我想像有兩個口袋，一個裝著平方數，另一個裝著0到1之間的所有實數。我把左手放進平方數的口袋，右手伸進實數口袋，每次兩手摸到什麼，就把它們拿出來配對。我可以這樣一直配對下去，直到兩個口袋都掏光為止。

我們：但是，薩維亞提，會不會你把一個口袋掏空時，另一個口袋裡還有很多元素？你的做法太含糊了，根本不可能預測哪個平方數會配上哪個實數。你怎麼保證平方數不會比實數先用完？或反過來，實數不會比平方數先用光？比如說，你第一次正好選到平方數1與實數1，接著又選到平方數4與實數1/2；之後你選到的是平方數9與實數1/3，以此類推。這樣一來，你選的平方數與實數有個特別的關係：實數是平方根的倒數。那麼當平方數用完時，恐怕還剩下很多實數沒有配對。

薩維亞提：我不可能正好每次都挑到這種實數吧？怎麼會那麼倒楣？

我們：但你必須承認這種事有可能發生。另外，就算你長命百歲，也不可能掏完任何一個袋子。我希望看到一種更精確的做法，可以把平方數與0到1之間的實數配對。

薩維亞提：目前我還想不出什麼辦法。

因此，追根究柢，薩維亞提並不能證明平方數的集合與0至1之間的實數集合，是等勢的。我們仍必須面對這個問題：任何兩個無窮集合是否都是等勢的？如果答案是肯定的，那麼我們應該能找出一種方法，將0與1之間的實數，與自然數一一對應。但如果答案是否定的，那麼「大於」及「小於」的觀念就應該能用在無窮集合之中，就像用在有限集合那樣。

在設法爲自然數與0至1之間的實數找出一一對應關係之前，我們先來考慮一個比較簡單的問題：自然數的集合與正有理數的集合是否等勢？（系理2將處理全部有理數的集合。）

這兩個集合之間，看起來很難有這種一一對應關係，因爲正有理數的集合好像沒什麼規則，每個元素的分子p與分母q都是變動的。例如，我們可以把分子爲1的正有理數，像下圖所示這樣一一對應到自然數，但分子爲其他數的有理數呢？

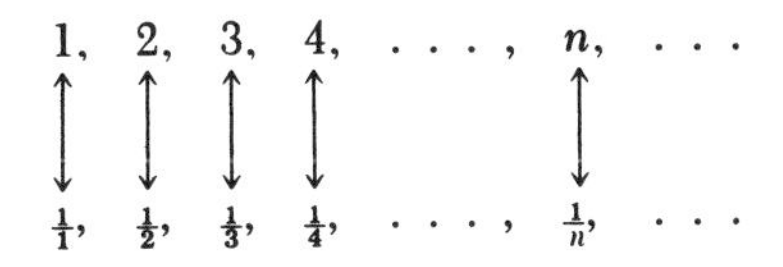

不過在1873年，康托發現自然數的集合與正有理數的集合是等勢的。下面的(1)與(2)兩種排列，顯示出康托如何設計這兩個集合之間的一一對應關係。各位應該注意他如何避免把自然數與固定分子的正有理數配對。

首先，他把正有理數排列在平面上，如下圖所示：

$$\begin{array}{cccccccc}
\cdot & \cdot & \cdot & \cdot & \cdot & & & \\
\cdot & \cdot & \cdot & \cdot & \cdot & & & \\
\cdot & \cdot & \cdot & \cdot & \cdot & & & \\
\frac{5}{1} & \frac{5}{2} & \frac{5}{3} & \frac{5}{4} & \frac{5}{5} & \cdot & \cdot & \cdot \\
\frac{4}{1} & \frac{4}{2} & \frac{4}{3} & \frac{4}{4} & \frac{4}{5} & \cdot & \cdot & \cdot \\
\frac{3}{1} & \frac{3}{2} & \frac{3}{3} & \frac{3}{4} & \frac{3}{5} & \cdot & \cdot & \cdot \\
\frac{2}{1} & \frac{2}{2} & \frac{2}{3} & \frac{2}{4} & \frac{2}{5} & \cdot & \cdot & \cdot \\
\frac{1}{1} & \frac{1}{2} & \frac{1}{3} & \frac{1}{4} & \frac{1}{5} & \cdot & \cdot & \cdot
\end{array} \qquad (1)$$

接著再以下圖所示的這個規則，把自然數排列出來：

$$
\begin{array}{llllllll}
\cdot \\
\cdot & \cdot \\
\cdot & \cdot & \cdot \\
15 & \cdot & \cdot & \cdot \\
10 & 14 & \cdot & \cdot & \cdot \\
6 & 9 & 13 & \cdot & \cdot & \cdot \\
3 & 5 & 8 & 12 & \cdot & \cdot & \cdot \\
1 & 2 & 4 & 7 & 11 & \cdot & \cdot & \cdot
\end{array}
\qquad (2)
$$

如6/3 、4/2 、2/1 這類等值的表示式，全都出現在(1)的排列裡。若我們把(1)裡不是最簡分數的形式刪除（如4/2 及6/3），還是可以安排它與自然數的一一對應關係，只要在有理數表中刪除的位置，自然數跳過去不配對就行了（圖中的星號表示被刪除的有理數）。

$$
\begin{array}{llllllll}
\cdot & \cdot & \cdot & \cdot & \cdot & & & \cdot \\
\cdot & \cdot & \cdot & \cdot & \cdot & & \cdot \\
\cdot & \cdot & \cdot & \cdot & \cdot & \cdot \\
\frac{5}{1} & \frac{5}{2} & \frac{5}{3} & \frac{5}{4} & * & \cdot & \cdot & \cdot \\
\frac{4}{1} & * & \frac{4}{3} & * & \frac{4}{5} & \cdot & \cdot & \cdot \\
\frac{3}{1} & \frac{3}{2} & * & \frac{3}{4} & \frac{3}{5} & \cdot & \cdot & \cdot \\
\frac{2}{1} & * & \frac{2}{3} & * & \frac{2}{5} & \cdot & \cdot & \cdot \\
\frac{1}{1} & \frac{1}{2} & \frac{1}{3} & \frac{1}{4} & \frac{1}{5} & \cdot & \cdot & \cdot
\end{array}
\qquad
\begin{array}{llllllll}
\cdot \\
\cdot & \cdot \\
\cdot & \cdot & \cdot \\
11 & \cdot & \cdot & \cdot & * \\
9 & * & \cdot & * & \cdot \\
5 & 8 & * & \cdot & \cdot & \cdot \\
3 & * & 7 & * & \cdot & \cdot & \cdot \\
1 & 2 & 4 & 6 & 10 & \cdot & \cdot & \cdot
\end{array}
$$

(3) (4)

比較一下(3)與(4)，你會注意到下列這種一一對應關係：

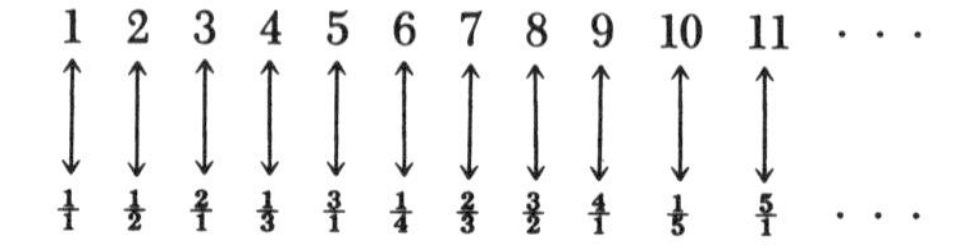

其中分數的安排是有系統的，根據的是分子與分母的和；例如和爲5的分數爲1/4、2/3、3/2、4/1。

而(2)裡的數字安排，也不是唯一的方式。若不像(2)那樣以45°的傾斜路徑向上移動，我們也可以取另一種如下圖所示，像農夫犁田那樣的路徑：

相對應的自然數排列則變成下面這個樣子：

17	18	19	20	21
16	15	14	13	22
5	6	7	12	·
4	3	8	11	·
1	2	9	10	·

這兩種論述都能證明下面的定理2。在正式介紹定理2之前，我們再引進一個名詞；如果一個集合與N等勢，我們就稱這個集合爲「可數的」(denumerable)。

定理2：正有理數的集合是可數的。

利用推導出定理2的觀念，我們可以建構一個更一般性的結果，這個結果可用來證明其他的集合也是可數的。

定理3：如果我們有一些集合，總數是可數的或有限的，而其中的每個集合也是可數的或有限的，則所有這些集合的聯集也是可數的或有限的。

要證明定理3，可把集合排列在平面上，每個集合用一列，接下來，把重複的元素刪除，然後以農夫犁田的路徑，爲每個元素配個自然數。

下面兩個系理（corollary）說明了定理3的應用。

系理1：所有整數的集合是可數的；而除了0之外的整數集合也是可數的。

證明：設S_1是{1, –1, 0}，S_2是{2, –2}，S_3是{3, –3}；簡單的說，就是令S_n爲{n, –n}，對任何大於1的n。那麼定理3告訴我們，S_1、S_2、S_3、……的聯集是可數的（但顯然不是有限的）。此外，這個聯集剛好是所有整數的集合。這證明了系理的前半段。現在，只要把S_1改成{1, –1}，系理的第二部分也證明出來了。

系理2：有理數的集合是可數的。

證明：我們以A/B的形式來代表有理數，而(A, B) = 1且B是正數。令集合S_1包含0，及所有分子爲1或–1的有理數，即：

$$S_1 = \{0, \tfrac{1}{1}, -\tfrac{1}{1}, \tfrac{1}{2}, -\tfrac{1}{2}, \tfrac{1}{3}, -\tfrac{1}{3}, \ . \ . \ . \ \}.$$

而令S_2爲所有分子爲2或–2的有理數集合，S_3爲所有分子爲3

或–3的有理數集合；一般來說，就是令S_n爲所有分子爲n或–n的有理數集合，n爲大於1的自然數。由系理1及定理3，我們知道每個集合S_n都是可數的，因此由定理3，可知S_1、S_2、S_3、……的聯集也是可數的。但是這個聯集就是不折不扣的有理數集合，故系理2得證。

定理2與定理3以及它們的系理，似乎暗示任合無窮集合都是可數的，但這對於我們想知道0與1之間的實數集合是不是可數，卻沒有任何幫助；我們在這個問題上面還是一籌莫展。也許我們都被薩維亞提誤導了。對於這個問題，康托在1873年11月29日寫了一封信給戴德金：

我能否請教您一個問題？我對這問題的理論部分很感興趣，卻無法回答。或許您能回答，若是如此，請回信給我。問題是這樣的：假設所有自然數n的集合是N，而所有正實數x的集合是R，那麼N與R這兩個集合之間是否存在一一對應關係，讓N裡的每一個元素都恰好對應到R裡的唯一一個元素？乍看這個問題，一定會有人說：「不，這是不可能的，因爲N有離散（discrete）的成分而R是連續統（continuum）。」但這種反對意見並沒有證明什麼事。雖然我自己也覺得N與R可能無法這樣配對，但卻說不出什麼理由來。這就是令我困擾的根源，但也許這個問題其實不難。

在乍看之下，我們難道不會自然而然的做出「自然數的集合N根本就無法與所有正有理數p/q的集合一一對應」的猜想？但是這兩個集合其實是可以互相對應的……這證明起來並不難。

有理數在數線上的分布是非常密集的（見第I冊第4章「數學健身房」的第41與42題），在任何兩點之間，不管它們靠得多近，還是塞得進無限多個有理數。雖然如此，有理數的集合還是可數的。在無窮集合的世界裡，直覺並不是可靠的指標。康托的直覺是「實數是不可數的」，他希望戴德金能很嚴謹的證明這項直覺是正確的，而薩維亞提（利用兩個袋子的證法）是錯的。

然而戴德金並沒有解出康托的問題。於是在1873年12月2日，康托又寫了封信給戴德金：

今天收到您的回信，我非常高興。我問您這個問題，是有理由的。幾年前我就想過這個問題，並且一直懷疑這問題的困難之處只是屬於主觀的呢？還是本質上確實就是一道難題。您在回信中說您自己也無法解出來，使我確信它屬於後者，它本質上就是道難題。此外，我還想補充說明，我從來沒有很認真的思考過這個問題，因爲這問題對我而言，並沒有什麼實用上的特別樂趣，因此，如果您說，既然如此就不值得爲它大費周章，我也會完全同意您的看法。除非這個問題有個非常漂亮的結果……

但就在不久之後，康托找到了一個證法，證明實數集合是不可數的。因此在1873年12月7日，他又寫了封信給戴德金：

最近我花了些時間，繼續研究上一次我對您提到的那項猜想。就在今天，我相信我已經把問題解決了。不過，如果我有盲點，我相信除了您之外，我找不到更適合的裁判。因此我擅自作主，把自己寫的東西寄給您看看；由於是初稿，有點潦草，請包涵。

雖然在康托生前幾乎未受到注意，他的研究其實遍及二十世紀的數學領域，特別是在邏輯學、拓樸學、集合論及分析學。

因此，在1873年12月2日至12月5日之間的某天，康托建立了無限理論的基石。在1890年，他又發現了第二種證法，比他1873年的證法更簡單。我們寫在這裡的，就是第二種證法。

定理4（康托定理）：實數集合是不可數的。

證明：整個論述有點類似我們證明質數有無限多個。不過在這裡，我們需要一台「實數製造機」，而不是第2章的質數製造機；我們可以利用這台實數製造機，從任何可數的實數表裡製造出一個不在表裡的實數。

考慮任何形式的可數實數表。爲了方便起見，我們把注意力限制在0與1之間的實數。爲了能處理所有這類的實數列表，我們假設列出的每個實數都寫成小數的形式。我們用$d_{n,j}$來代表第n列、位於小數點後的第j個數字，因此這個實數表看起來就像這個樣子：

$$
\begin{array}{l}
1 \longleftrightarrow 0.d_{1,1} \quad d_{1,2} \quad d_{1,3} \quad d_{1,4} \quad \cdots \\
2 \longleftrightarrow 0.d_{2,1} \quad d_{2,2} \quad d_{2,3} \quad d_{2,4} \quad \cdots \\
3 \longleftrightarrow 0.d_{3,1} \quad d_{3,2} \quad d_{3,3} \quad d_{3,4} \quad \cdots \\
\cdot \\
\cdot \\
\cdot \\
n \longleftrightarrow 0.d_{n,1} \quad d_{n,2} \quad d_{n,3} \quad d_{n,4} \quad \cdots \\
\cdot \\
\cdot \\
\cdot
\end{array}
\qquad (5)
$$

表裡的實數究竟依什麼規則產生，我們不需憂心；重點是要知道它是個可數的實數清單，而每一個自然數，不管多大，都會藉由這個表配對到某個實數。舉一個例子，就像下列用自然數的平方根依序所做的一個實數表：

$$
\begin{array}{l}
1 \longleftrightarrow 0.9999 \cdots (= 1/\sqrt{1}) \\
2 \longleftrightarrow 0.7071 \cdots (= 1/\sqrt{2}) \\
3 \longleftrightarrow 0.5773 \cdots (= 1/\sqrt{3}) \\
4 \longleftrightarrow 0.5000 \cdots (= 1/\sqrt{4}) \\
\cdot \\
\cdot \\
n \longleftrightarrow 0.d_{n,1} \quad d_{n,2} \quad d_{n,3} \quad d_{n,4} \cdots (= 1/\sqrt{n}) \\
\cdot \\
\cdot \\
\cdot
\end{array}
\qquad (6)
$$

在上面這個表，比方說第一列，就有$d_{1,1} = 9$，$d_{1,2} = 9$，而第二列就有$d_{2,1} = 7$，$d_{2,2} = 0$。

另外一個相當井然有序的表，就是由形式爲1/n的有理數組成的表：

$$
\begin{array}{lll}
1 \longleftrightarrow 0.9999\cdots & & (=\frac{1}{1}) \\
2 \longleftrightarrow 0.5000\cdots & & (=\frac{1}{2}) \\
3 \longleftrightarrow 0.3333\cdots & & (=\frac{1}{3}) \\
\vdots & & \vdots \\
n \longleftrightarrow 0.d_{n,1}\quad d_{n,2}\quad d_{n,3}\cdots & & (=\frac{1}{n}) \\
\vdots & & \vdots
\end{array} \qquad (7)
$$

各位可以清楚看出，這兩個表都不能包含所有的實數，例如2/3就不在表(6)裡，而$1/\sqrt{3}$則不在表(7)內。我們將證明的是，像表(5)這類形式的任何一個實數表，不管產生的規則多麼複雜，絕不可能包含0與1之間的所有實數。接下來，我們就要從這樣的一個表，製造出一個介於0到1、而又不可能出現在表裡的實數。

在製造出這個不可能出現在表內的實數時，我們唯一有興趣的數字，就是表(5)當中位在小數點後由左上至右下這條對角線上的數字，也就是：

$$
\begin{array}{llllll}
d_{1,1} & & & & & \\
& d_{2,2} & & & & \\
& & d_{3,3} & & & \\
& & & d_{4,4} & & \\
& & & & \ddots &
\end{array}
$$

而以這些數字構成的新數，就是：

$$0.b_1b_2b_3\cdots b_n\cdots$$

其中的b_1、b_2、b_3、……等數字，當然都是介於0到9的其中一個整數。

構成這個新數（令這個數為B）的規則是這樣的：若原表內的$d_{n,n}$不是7，我們就讓小數點後第n個數字b_n為7，若$d_{n,n}$是7，b_n就等於1。因此，我們由$d_{1,1}$開始：若$d_{1,1}$為7，令b_1為1；而若$d_{1,1}$不是7，就令b_1為7。以同樣的方法，可得到b_2、b_3、……，就定義出B了。

現在舉個例子，來看看表(6)，並且把定義新數的方法應用在這個表，同時務必要用對角線上的$d_{1,1}$、$d_{2,2}$、$d_{3,3}$、……、$d_{n,n}$，來決定出b_1、b_2、b_3、……、b_n。在表(6)的例子裡，$b_1 = 7$，$b_2 = 7$，$b_3 = 1$。

現在我們要問：$B = 0.b_1b_2b_3$……這個數為什麼不可能出現在表(5)之內？首先，它不會對應到1，因為b_1不等於$d_{1,1}$；其次，它不會對應到2，因為b_2不等於$d_{2,2}$；第三，它不會對應到3，因為b_3不等於$d_{3,3}$。由此，你就可以看出B不會出現在表(5)的任何地方，因為這個新數與表內的第n個實數，至少在小數點後第n個數字是不同的。

由於我們不可能完成一個可數的正實數表，因此可以推論出正實數是不可數的。故康托定理得證。

把定理2與定理4結合起來，你就可以用新的方法證明定理5。

定理5：實數當中存在著無理數。

這是第三種方法，告訴我們並非所有的數都是有理數。第一種方法（在第4章）是根據算術基本定理，指出一些像$\sqrt{2}$、$\sqrt{3}$、$\sqrt{5}$與$\sqrt{6}$等數是無理數。第二種方法（也在第4章）則指出，任何一個非循環小數，像0.101001000100001 …，都是無理數。

不過，康托定理（定理4）比定理5蘊含更多的結果，可進一步推論出更多的東西。在12月2日（也就是他證出定理4的五天前）的信中，康托提到了自然數與實數是否等勢的問題：「如果答案是否定的，我們就等於替劉維爾提出超越數存在的定理，找到一個新的證法。」〔法國數學家劉維爾（J. Liouville, 1809–1882）在1844年，已經指出有超越數存在，但他只是列出一些特殊的例子。〕

然而定理4告訴我們，「正實數的集合可數嗎？」這個問題，答案必爲否定的。我們現在要用定理4，證明超越數的確存在；但我們只要能證明下面的定理就夠了。

定理6：代數數的集合是可數的。

證明：每個整數係數的多項式P，都只能提供有限多個代數數，也就是方程式$P = 0$的根。（見第16章的定理4。）

如果我們能夠證明，整數係數多項式的集合是可數的，那麼由定理3，我們就能主張代數數集合是可數的。

要證明整數係數多項式的集合可數，我們將以很間接的方式利用「正有理數是可數的」這項事實。

每一個多項式都是由它的係數來描述，例如多項式$6 - 5X + X^3$，其實是$6 - 5X + 0X^2 + 1X^3$的簡寫，就可以由下面的數列來描述：

$$6, -5, 0, 1$$

而多項式$-5X^2 + 12X^4$對應的數列就是：

$$0, 0, -5, 0, 12$$

這種數列最右邊的那一項不會是0，但最左邊的項可能是0。除此之外，任何這種整數的數列都可以表示某個多項式，例如數列$-2, 3, 1, 0, 2$，就對應多項式

$$-2 + 3X + 1X^2 + 0X^3 + 2X^4$$

也可以簡寫成$-2 + 3X + X^2 + 2X^4$。

爲了證明整數係數多項式的集合是可數的，我們只需證明這種整數數列的集合可數。現在要做的就是這件事。

我們先把每一個這種數列，與一個正有理數配對。配對的方式是這樣的：利用質數的集合，而質數以由小到大的順序排列

$$2, 3, 5, 7, 11, 13, \cdots$$

以下面這個數列來說明：

$$6, -5, 0, 1$$

我們要讓這個數列對應到下列有理數

$$2^6 \cdot 3^{-5} \cdot 5^0 \cdot 7^1$$

也就是

$$\frac{2^6 \cdot 7}{3^5}$$

在講到通則之前，再拿一個例子來說明；取數列

$$-2, 3, 1, 0, 2$$

然後把它對應到有理數

$$2^{-2}\cdot 3^{3}\cdot 5^{1}\cdot 7^{0}\cdot 11^{2}$$

這個數可簡化成

$$\frac{3^{3}\cdot 5\cdot 11^{2}}{2^{2}}$$

於是，我們的通則就是把整數數列

$$a_1, a_2, \ldots, a_n$$

（其中a_n不為0）配對到有理數

$$2^{a_1}3^{a_2}\cdots P_n{}^{a_n}$$

其中P_n代表第n個質數（$P_1=2$、$P_2=3$、……）。

在此特別說明，這種做法並不會把兩個不同的數列對應到相同的有理數。例如10/117這個有理數，我們很容易找到與它配對的「唯一」數列，只要把它寫成

$$\frac{10}{117}=\frac{2\cdot 5}{3^{2}\cdot 13}=2^{1}3^{-2}5^{1}13^{-1}$$

這個數就等於

$$2^{1}3^{-2}5^{1}7^{0}11^{0}13^{-1}$$

我們可以從這個數依序取出指數的部分，形成數列1, –2, 1, 0, 0, –1（這描述的就是多項式$1-2X+1X^{2}+0X^{3}+0X^{4}-1X^{5}$，或簡化成$1-2X+X^{2}-X^{5}$）。請注意，這裡用到了算術基本定理。最後，再把有理數1配對給只含一個0的數列（此數列對應到零多項式）。

我們知道正有理數的集合可數（由定理2），因此，我們討論的這種數列的集合也是可數的。由此可知，所有整數係數多項式的集合是可數的。所以，代數數的集合是可數的，故定理6得證。

把定理4與定理6結合起來，我們就得到一個比定理5更強有力的定理：

定理7：實數裡存在著超越數。

康托定理主張，實數集合與正整數的集合不等勢，由此可見薩維亞提所說的「『等於』、『多於』或『少於』這類屬性，並不適用於無限的量」，並不正確；相反的，根據康托的定理，我們對於「集合A的元素個數少於集合B」的論述，能提出很精確的定義，即使當A與B都是無窮集合也不例外。

如果集合A與集合B的某個子集合等勢，但並不與集合B本身等勢，我們就說集合A的數目少於集合B。例如由定理4，可知自然數集合的數目少於實數集合。此外，若集合A的數目少於集合B，我們就說B集合的數目多於A集合。

這個「數目少於」的概念，與我們處理有限集合的經驗一致，而且甚至把適用的範圍延伸到無窮集合上，並產生了一些以前想不到的問題。舉例來說，有沒有哪一個集合的數目多於實數集合？康托證明出問題的答案是「有」。特別是，實數的所有子集合構成的集合，數目多於實數的集合。

不過，康托提出的第二個問題就沒那麼輕鬆了：實數集合的每一個無窮子集合，究竟是與實數集合等勢，還是與自然數的集合等勢？康托在他提出的「連續統假設」(Continuum Hypothesis）中，認為答案應該是前者，但將近一個世紀都沒有人能夠證明。(「連續統」是實數集合的另一個名字。)

1963 年，美國邏輯學家柯亨（Paul J. Cohen, 1934– ）證明了，連續統假設並不是普遍接受的集合基本性質的結果，才解決了這個問題。柯亨的這項結果是二十世紀最深奧的定理之一，我們將在第19章再來介紹。

在發現「並非所有無窮集合都是等勢的」之後，康托創造出一種算術，把我們熟悉的有限集合算術，擴充到無窮集合的領域。首先，他引進一些符號，代表大小不同的無窮集合，就像自然數1、2、3、……代表了大小不同的有限集合。

康托表示，任何一個可數集合「都有$\aleph_0$個元素」。符號$\aleph$是希伯來文的第一個字母，唸作「阿列夫」(alef)，至於右下角的0，則是為了區別康托定義的$\aleph_0$與其他的「無窮數目」$\aleph_1$、$\aleph_2$、……。在後面我們會用$\aleph_0$來代表最小的無窮數目。所以，定理2就可以改成「有$\aleph_0$個正有理數」，定理3就變成「$\aleph_0$乘以$\aleph_0$等於$\aleph_0$」，而定理6就說成「有$\aleph_0$個代數數」。

康托說，與實數集合等勢的任何一個集合都「有c個元素」(字母c就代表continuum)。連續統假設則主張：「實數的每一個無窮子集合，都有$\aleph_0$個元素或c個元素。」

不僅如此，康托還利用有限集合裡的觀念，定義了這些新數目的乘法與加法。

康托對無窮集合的研究，進行於十九世紀末，不但解決了十七世紀時讓薩維亞提、辛普利奇歐及沙革里多困惑不已的難題，還成為二十世紀數學家的重要工具。無限理論，是二十世紀各研究領域的數學家都必須接觸到的理論。

無窮集合仍在引發很多具挑戰性的題目；有限集合也是一樣，正如你在「數學健身房」第41至51題所看到的。

數學健身房

1. (a) 請證明在大於0 的前1,000,000 個自然數裡，正好有1000 個平方數。

   (b) 請證明在大於0 的前1,000,000 個自然數裡，有千分之一是平方數。

2. 大於0 的前1,000,000 個自然數中，有多少個立方數？
3. 請證明所有平方數的集合與所有立方數的集合等勢。
4. 列出{1, 2, 3, 4}的15 個眞子集。
5. 列出{1, 2, 3, 4, 5}的31 個子集合。
6. 集合{1, 2, 3, ⋯, n}有幾個子集合？試解釋你的答案。
7. 請證明集合{2, 3, 4,⋯}與集合{1, 2, 3, 4,⋯}等勢。
8. 試以幾何方法證明，正方形的四邊與圓的圓周是等勢的。
9. 請證明：從0 到1 的實數的集合，包括0 及1 ，與同樣範圍但不包括0 與1 的集合，兩集合是等勢的。（可用「施洛德—伯恩斯坦定理」。）
10. 兩個可數集合的聯集，一定是可數的嗎？試解釋之。
11. 一個深度內省的人，往往要花一年的時間才能詳細記錄他一天的點點滴滴，在一百歲的年尾，才剛寫完生命裡前100 天的事。請證明若他長生不死，最終必能記錄下生命裡的每一天。
12. 假設a 與b 都是集合{1, 2, 3, 4 ⋯}裡的元素，則我們可以用算術基本定理，證明數對(a, b)的集合是可數的。下面就是證明大綱，與定理6 的證明相似。

(a) 利用定理1，證明形式爲$2^a \times 3^b$的自然數的集合是可數的，其中的a與b都是集合{1, 2, 3, 4,…}裡的元素。

(b) 利用算術基本定理，證明$2^a \times 3^b$這種形式的自然數的集合，與所有數對(a, b)的集合等勢，其中的a、b是{1, 2, 3, 4,…}集合裡的元素。

13. 利用第12題的方法，證明當a、b、c都是集合{1, 2, 3,…}裡的元素時，所有三元數(a, b, c)的集合是可數的。

14. 利用第12題的方法，證明當a、b、c、d都是集合{1, 2, 3, 4,…}裡的元素時，所有四元數(a, b, c, d)的集合是可數的。

15. 在第142頁的(3)與(4)，哪兩個自然數分別與2/3及3/4配對呢？

16. 在第142頁的(3)與(4)，哪些有理數分別與8、10及20配對呢？

17. 將整數n與有理數2^n配對，並利用定理1與定理2，來證明整數的集合{…−3, −2, −1, 0, 1, 2, 3,…}是可數的。

18. 利用下列三種方法，證明下圖中均勻分布的點的集合可數。

(a) 利用類似導出定理2的直接幾何論述。

(b) 利用系理1及定理3。

(c) 利用第12題提到的證法。

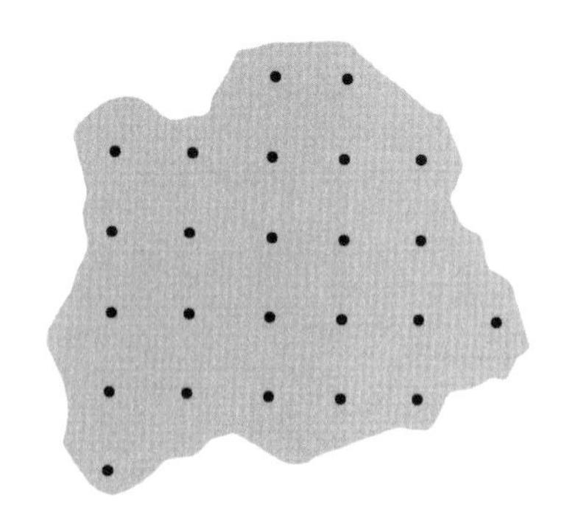

19. 有個汽車旅館，提供無限多間單人房，房間的編號爲1、2、3、4、……，但是已經客滿了，並掛出「客滿」的告示。這時有位旅人風塵僕僕的來到這間旅館，好心的經理說：「雖然我們客滿了，但爲了你，我們還是會挪出一個房間來。」於是他利用直接連到所有房間的廣播系統，下了一道指示。結果，新到的旅客及原來所有的房客都有房間住。請問旅館經理究竟下了什麼指示？
20. 正整數的集合與正偶數的集合等勢嗎？
21. 在第16章的第84題，我們是把正整數集合表示成無窮等差數列的可數集合的聯集。請利用這個方法證明定理3。
22. 康托的方法(2)，可將自然數配對到平面上均勻分布的點。下面的步驟則是另一種方法。
    (a) 證明每個自然數1、2、3、4、……都可以寫成$2^{a-1}(2b-1)$的形式，對於某組大於0的自然數對(a, b)。
    (b) 證明對任何大於0的自然數n，恰存在一組大於0的自然數對(a, b)，使得$n = 2^{a-1}(2b-1)$；也就是要證明，(a)所說的表示形式是唯一的。

(c) 現在，將n與(b)所給定的(a, b)配對。我們可將數對(a, b)視爲下圖這樣的點：

23. 爲什麼證明定理4所用的方法，不能用來證明有理數的集合不可數？請指出論證眞正失敗的地方。

24. 在所有的有限小數與循環小數所組成的列表中，對角線上的數字能夠構成一個有限小數或循環小數嗎？

25. 令集合S裡的元素爲0到1之間的實數，且小數展開式中只有4與7這兩個數字。S是可數的嗎？試解釋之。

26. 我們可用哪些不同的方法，證明無理數存在？

27. 令集合S是自然數集合裡恰有兩個元素的子集合所構成的集合；因此像{3, 4}、{2, 7}、{2, 8}等，就是S的元素。我們知道S是無窮集合，那麼它是可數的嗎？

28. 先閱讀定理6的證明，再回答下列問題：

(a) 哪一個有理數對應到多項式$X - 5X^2 + X^7$？

(b) 哪一個多項式對應到400這個有理數？

(c) 哪一個多項式對應到有理數$\frac{5}{34}$？

✐

29. 若把每個實數x與2^x配對，哪兩個集合看起來等勢？
30. 若把每個小於1的正實數x，與1/x配對，哪兩個集合看似等勢？
31. (a) 請評論這個似乎有道理的論述：每一個無窮集合都包含一個可數的子集合。
    (b) 令S是一個無窮集合，而T是一個與S不相交（沒有交集）的可數集合。試證：S與T的聯集與S等勢。
    (c) 請證明：無理數的集合與實數集合等勢。
    (d) 是有理數比較多，還是無理數？
32. (a) 若由一個可數集合當中拿掉一個可數的子集合，你認爲剩下的集合有什麼性質？
    (b) 若由實數集合中拿掉可數的子集合，剩下的集合可能會有什麼性質？
33. 令S是N所有子集合組成的集合，T是由0與1構成的所有無窮數列（如0010110……）的集合。
    (a) 試證S與T等勢。
    (b) 利用康托的對角線方法，證明T不可數。
34. 延續第33題。
    (a) N所有的有限子集合組成的集合可數嗎？
    (b) N所有子集合所成的集合可數嗎？
35. 下面這些集合裡，哪些是等勢的？
    (a) 實數的集合。
    (b) 有理數的集合。

(c) 介於1.3與1.4之間的實數所成的集合。

(d) 奇數的集合。

(e) 整數的集合。

(f) 代數數的集合。

(g) 無理數的集合。

(h) 超越數的集合。

36. 延續第33題。由0與1所構成的無窮數列中，若最初是由一段開始，接著重複這一段無限多次，我們稱之爲循環（因爲與循環小數類似）。

(a) 試證T裡循環元素所成的集合是可數的。

(b) 試證T裡非循環元素所成的集合，與0到1之間的無理數所成的集合等勢。

(c) 請證明T與實數集合等勢。

(d) 請證明N的所有子集合所成的集合與N等勢。

(e) 仔細觀察(c)或(d)之後，我們能斷言說$2^{\aleph_0} = c$，爲什麼？

37. 正如人有兩種，我們也能把集合分成兩類。我們會預期，大部分的集合並不是本身的元素，例如所有有限集合所成的集合，就不是該集合本身的元素，因爲它不是一個有限集合；這種不是本身元素的集合，我們稱爲「常（ordinary）集合」。但是無窮集合所成的集合，卻是集合本身的元素，因爲它也是無窮集合；我們稱這種集合爲「非常（extraordinary）集合」。

所有常集合所成的集合S，是常集合，還是非常集合？

38. 延續第36題。我們想證明平面上的點與直線上的一樣多，下面是證明大綱：

(a) 證明由0與1構成的數列，與這種數列組成的數對一樣多。

建議：你可以把任何一個這種數列，分成兩個數列，一個由偶數位置的數字構成，另一個由奇數位置的數字構成；比方說，abcdef⋯這個數列，就可以分成數列ace⋯及數列bdf⋯

(b) 證明實數對的數目與實數的數目一樣多。

(c) 試由(b)推導出：平面與直線等勢。

39. 延續38。三維空間的點所成的集合，與平面上的點所成的集合是否等勢？

40. 習慣上，我們把集合A與集合B的聯集寫成$A \cup B$。

(a) 試證$A \cup A = A$，$A \cup B = B \cup A$，$A \cup (B \cup C) = (A \cup B) \cup C$。

(b) 若$A \cup B = A \cup C$，是否意謂$B = C$？

下面這些習題談到了一個有限集合的問題，這問題百年來尚無人能完全解決。第II冊的第12章談到了另一個類似的問題。

41. 請驗證集合{1, 2, 3, 4, 5, 6, 7}的21個恰有兩個元素的子集合，都是下列七個集合之一的子集合：

{1, 2, 3}，{1, 4, 5}，{1, 6, 7}，{2, 4, 6}

{2, 5, 7}，{3, 4, 7}，{3, 5, 6}。

例如，{1, 7}是{1, 6, 7}的子集合，但不是其他集合的子集合。

42. 請檢查{1, 2, 3, 4, 5, 6, 7, 8, 9}的36個恰含兩元素的子集合，必爲下列十二個集合之一的子集合：

{1, 2, 3}，{7, 8, 9}，{1, 5, 9}，{2, 4, 9}，{2, 6, 7}，{3, 5, 7}，

{4, 5, 6}，{1, 4, 7}，{1, 6, 8}，{2, 5, 8}，{3, 4, 8}，{3, 6, 9}。

43. 請就{a, b}、{b, f}、{h, j}及{c, m}這四個集合，檢查下面這個論述：{a, b, c, d, e, f, g, h, i, j, k, l, m}的78個恰含兩個元素的每一個子集合，必爲下列十三個集合之一的子集合：
{a, b, c, j}，{a, d, g, k}，{a, f, h, l}，{a, e, i, m}，{d, e, f, j}，{b, e, h, k}，{b, d, i, l}，{b, f, g, m}，{j, k, l, m}，{g, h, i, j}，{c, f, i, k}，{c, e, g, l}，{c, d, h, m}。

44. 集合{a, b, c, d, e, f, g, h, i, j, k, l, m, n, o, p, q, r, s, t, u}的210個恰含兩個元素的子集合，必爲下列二十一個集合之一的子集合：
{a, b, c, d, q}，{a, e, i, m, r}，{a, f, k, p, s}，{a, g, l, n, t}，{a, h, j, o, u}，{e, f, g, h, q}，{b, f, j, n, r}，{b, e, l, o, s}，{b, h, k, m, t}，{b, g, i, p, u}，{i, j, k, l, q}，{c, g, k, o, r}，{c, h, i, n, s}，{c, e, j, p, t}，{c, f, l, m, u}，{m, n, o, p, q}，{d, h, l, p, r}，{d, g, i, m, s}，{d, f, i, o, t}，{d, e, k, n, u}，{q, r, s, t, u}。
只對210個子集合的其中5個，檢查上面的論述。

45. 若k與n爲自然數（至少都是1），我們就用「(k, n)組合」，來指集合A = {1, 2, 3……n}的子集合的組合，使得
(i) 組合裡的每一個子集合有恰好k個元素。
(ii) A的每一個含有2個元素的子集合，都是組合裡其中一個子集合的子集合。
例如，第41題描述了一個(3, 7)組合，第42題描述了(3, 9)組合，第43題是(4, 13)組合，而第44題是(5, 21)組合。
(a) 請建構一個(2, 4)組合。
(b) 試證：對大於1的每一個n，正好有一個(2, n)組合。
(c) 請建構一個(4, 4)組合。

(d) 爲什麼沒有(5, 4)組合？

46. (a) 請證明：一個有n個元素的集合，會有$n \times (n-1)/2$個恰含兩元素的子集合。

(b) 試證：若一個(3, n)組合裡有p個集合，則$3 \times p = n \times (n-1)/2$。（提示：利用(a)。）

(c) 利用(b)，證明若有一個(3, 8)組合，則3必能整除28。

47. 利用第46題的觀念，證明：若存在一個(3, n)組合，則3必能整除$n \times (n-1)/2$。

48. 假設屬於(3, n)組合、且其中一個元素是1的三元數有m個。

(a) 請就第41題的(3, 7)組合，驗證m是3。

(b) 試證：對任何一個(3, n)組合，$n-1=2m$。

(c) 請證明：若n爲偶數，則沒有(3, n)組合。（提示：參考(b)。）

49. 由47及48(c)，可知若n是使(3, n)組合存在的自然數，則n會是奇數，且3能整除$n \times (n-1)/2$。

(a) 請證明：若3能整除$n \times (n-1)/2$，則6能整除$n \times (n-1)$。

(b) 試證：若n是奇數，且6能整除$n \times (n-1)$，則n除以6的餘數是1或3；也就是$n \equiv 1 \pmod 6$或$n \equiv 3 \pmod 6$。

(c) 請證明沒有(3, 17)組合。

(d) 在小於20的n裡，對於哪些n確定沒有(3, n)組合？

50. 利用第47及48題的同樣推理方法，證明若自然數n能使(4, n)組合存在，則

(a) 6必能整除$n \times (n-1)/2$。

(b) 3必能整除$n-1$。

51. (a) 利用第50題，證明沒有(4, 10)組合。

(b) 在小於20的n當中，對於哪些n必不存在(4, n)組合？

以色列數學家哈納尼（H. Hanani）在1960年證明，若n是滿足50(a)與50(b)的任意自然數，則存在(4, n)組合。此外他也判斷出哪些n會使(5, n)組合存在。最近，由於(k, n)組合在實驗設計上成爲要角，加上好奇心作祟，因此許多數學家很想知道哪些k與n會使(k, n)組合存在；舉例來說，目前還沒有人知道(6, 46)組合是否存在。

52. 在康托定理的證明當中，我們說：「B不會在表(5)出現，因爲它與表中第n個實數至少在小數點後第n位的數字不同。」然而，0.7000⋯與0.6999⋯在小數第一位就不同，但是0.7000⋯ = 0.6999⋯。康托的證明仍有效嗎？試解釋之。

延伸閱讀

[1] Galilei, Galileo, *Dialogues Concerning Two New Sciences*, Prometheus Books, 1991 (reprint edition).（書裡談到了科學的源起——物質與運動的力量。可讀性相當高，十分推薦有興趣的人閱讀。）

[2] T. Dantzig, *Number, the Language of Science*, Free Press, 1985.（第6章談到了代數數及超越數。）

[3] G. Gamow, *One, Two, Three ... Infinity*, Dover, 1988.（第1章談到了無窮集合。）

[4] G. Birkhoff and S. MacLane, *A Survey of Modern Algebra*, A K Peters Ltd, 1997.（可參考集合論的部分。）

[5] M. Kline, *Mathematics in Western Culture*, Oxford University Press, 1965.（第25章專門談無限；本書的中文版爲《西方文化中的數學》，由九章出版社出版。）

[6] L. Zippin, *Uses of Infinity*, Dover, 2000 (reprint edition).（本書談到了鴿籠原理在無窮集合中的應用。）

[7] E. T. Bell, *Men of Mathematics*, Touchstone Books, 1986.（第29章談到了康托；本書中文版爲《大數學家》，由九章出版社出版。）

[8] B. Russell, *Introduction to Mathematical Philosophy*, Dover, 1993.（第2章與第8章講到「數」，包括有限及無限。）

[9] E. Kamke, *Theory of Sets*, Dover, 1950.（第1至51頁詳細介紹了無限理論的算術。）

[10] M. Kline, *Mathematical Thought from Ancient to Modern Times*, Oxford University Press, 1972.（關於無窮集合理論的部分，請參考第994至1003頁。）

第19章 總覽

數學的宇宙產生自周遭的現實世界，就好像夢想由日常的事物所激發。現實世界只是個開端，是個起頭，提供許多吸引數學家注意的問題。從這些問題或問題的答案，又衍生出更多的問題。只要有問題存在，就需要找出答案，數學於焉展開。

如今，數學的宇宙浩瀚無比，因此爲了讓大家對這片宇宙的本質與範圍有些概念，我們必須向下劃分成一些比較小的星座，縱使這些星座之間並沒有很清楚的邊界。在這最後一章，我們將描述幾個主要的數學結構，看看前面討論過的各個主題究竟在數學大版圖裡的什麼位置。此外在最後，我們也會簡單談一下符號邏輯，這是所有數學結構的基礎。

先來看幾個不同的幾何學門。假設有一條硬鐵絲彎成一個圓，若我們讓這個圓在空間裡移動，這個圓的半徑會保持不變。像圓、半徑、距離、直線、角……這類在剛體運動中仍可保持不變的概念，是全等幾何學（congruence geometry）的主題；第4章談到的畢氏定理就屬於全等幾何，因爲牽涉到距離、角度與直線。

其次，假設我們讓一條橡皮筋在空間裡移動，並使橡皮筋部分伸展，這條橡皮筋就會變成三角形、正方形、橢圓形或其他不規則的圖形。此時，距離、角度與直線性不再能保持，但不管橡皮筋怎麼變形，有一些性質還是能保持；例如橡皮筋仍能保持環狀，而不會變成下圖所示的線狀。不僅如此，若有兩條橡皮筋像兩個鐵環那

樣鏈結在一起，那麼不管我們怎麼移動、彎曲或伸縮，這兩條橡皮筋還是會鏈結在一起。研究這一類在連續變形下仍能保持不變的性質的學門，就是拓樸學（topology，這個英文字源自希臘文的topo和logia，意思分別爲「空間」及「研究」）；拓樸學研究的觀念包括「鏈環」、「環繞」、「有一個洞」等等，第7章（第I冊）與第15章就屬於拓樸學。

接著就是可稱爲最一般性、最基本的幾何了。我們同樣以橡皮筋爲起點，但這一次可以把橡皮筋剪斷成許多個別的點，而且這些點能任意散布。這一次，雖然喪失了距離、角度與直線性，甚至連鏈環的性質都不見了，但還是有某樣東西保持不變——點的個數仍然不變，換言之，橡皮筋所在的點集合永遠與最初所占的點集合等勢（依據第18章的說法，或稱「等數」）。集合論（set theory）研究

的就是這類在所有一一對應關係下保持不變的性質，例如「包含兩個元素」、「有限」或「無窮」。

到目前爲止，我們討論了三門數學學科：一是全等幾何，二是拓樸學，三是集合論，每一門都比前面的學門涵蓋更廣。集合論是最基本的，研究的性質最少，但應用範圍最廣；此外，拓樸學與集合論都可以看成是幾何的特例。

我們現在換一個不同的方向，來看看全等幾何；這一次我們要把鐵絲圈裝置在一個透明片上。如果我們放一塊與透明片平行的屏幕，並將平行光束穿透過透明片照射到屏幕上，那麼這個鐵絲圈在屏幕上的陰影，也會是一個大小相同的圓（如下圖所示）。

在這種投影下仍能保持的性質，其實就是在剛體運動下能保持不變的性質，因此我們可以把全等幾何學，描述成「研究在平行光束投影下所能保持的性質」的幾何學。

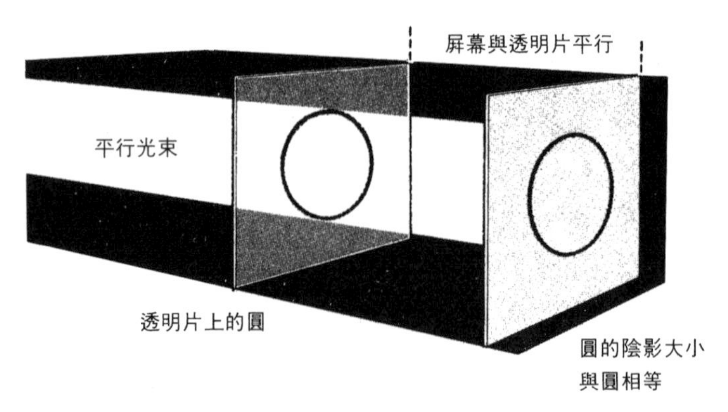

接下來，我們要以另外一種方式介紹拓樸學與集合論。假設屏幕依然與透明片平行，但現在改用小燈泡的點光源代替平行光束。結果，圓的陰影還是個圓，但可能會大得多（如次頁上圖所示）。這種投影只會使影像放大，角度與直線性仍能保持，但距離卻改變

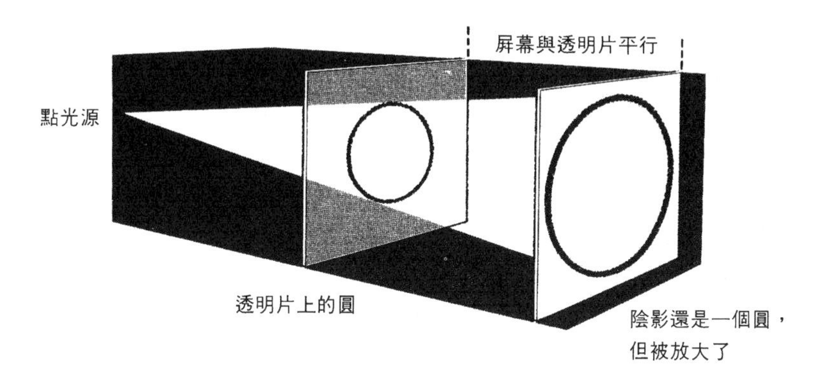

了。在這種投影下，我們就說一個幾何物體的陰影與原圖形「相似」(similar)，而研究放大或全等能保持哪些性質的數學，就稱爲歐氏幾何（Euclidean Geometry），我們在國、高中學到的就是歐氏幾何的一部分。

在談到另外兩種更一般性的幾何之前，必須先定義圓錐曲線，也就是橢圓、拋物線，與雙曲線。如果拿兩個無限延伸的圓錐，像下圖那樣角對角上下放置，就可以定義出所謂的圓錐曲線了。首先

當一個水平或稍微傾斜的平面與圓錐相交時，得到的曲線就稱爲橢圓（ellipse，如下面左圖所示）；請注意，圓是橢圓的特例。若平面更加傾斜，直到與圓錐的兩邊線L 或L* 之一平行時，相交得到的曲線就稱爲拋物線（parabola，形狀很像汽車遠光燈的側影）如下面右圖所示。而當平面繼續傾斜，直到與上下兩圓錐都相交時，就形成了雙曲線（hyperbola，如次頁上圖所示）。以上談到的這三種曲線就是圓錐曲線。

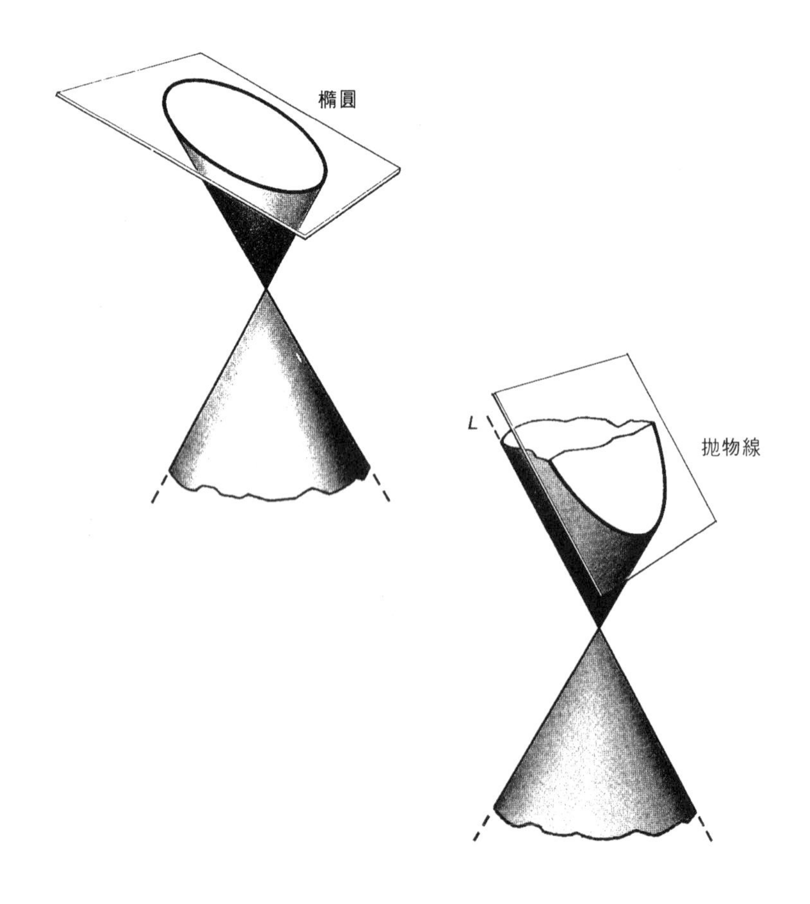

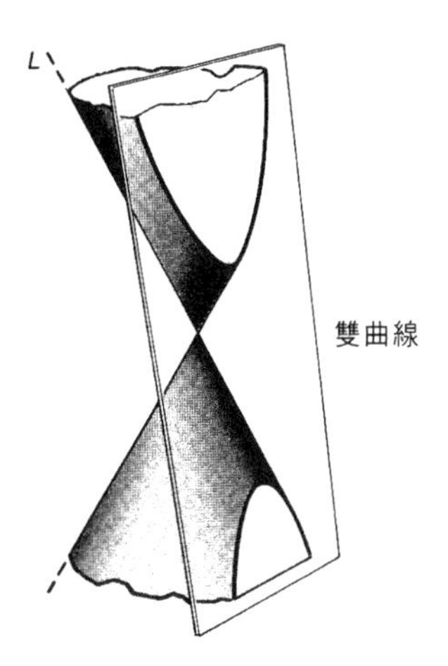

我們既然定義了圓錐曲線，現在就假設投射的還是平行光束，但屏幕與透明片不再平行，如圖所示：

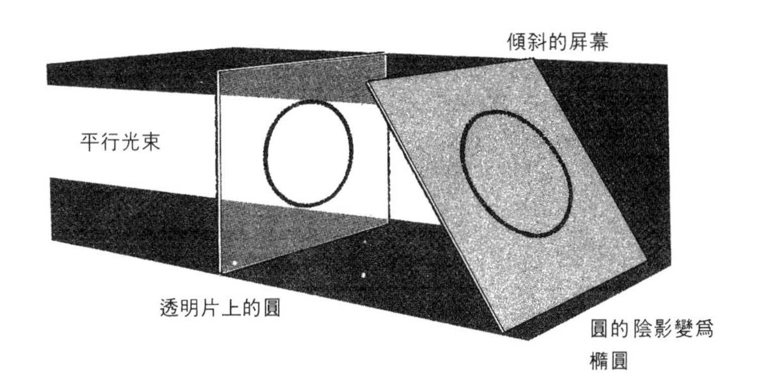

圓的陰影會變成橢圓，而正方形的陰影會變成平行四邊形。事實上，任何一個平行四邊形的陰影還是平行四邊形，而任何一個橢圓的陰影仍是橢圓。

研究在目前爲止所討論的三種投影情況下能保持的性質或概念的數學，稱爲仿射幾何學（affine geometry）。這三種投影不一定都能保持距離與角度，但是「直線」與「兩線平行」的概念卻仍能保持。例如在仿射幾何學裡，研究的就是橢圓（但不包含圓）及平行四邊形（不包含正方形或長方形）。

最後，假設光束變成點光源，而屏幕還是傾斜的，此時圓的陰影就不再一定是圓或橢圓，但仍然是個圓錐曲線；如下圖所示，若直線L_1與屏幕平行，則圓的陰影會是一個拋物線。不僅如此，任何一個圓錐曲線的陰影仍會是個圓錐曲線。

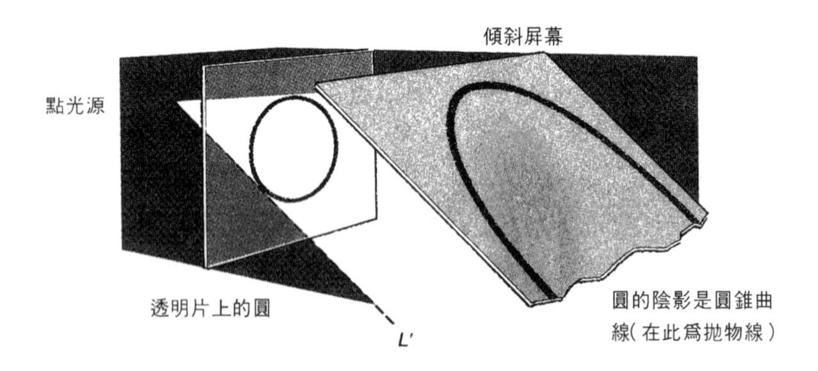

研究上述四種投影方式下仍能保持的性質的數學，稱爲射影幾何學（projective geometry）。因此，射影幾何學研究的是直線與直線的相交，以及圓錐曲線及其切線等等，而距離、角度，甚至平行線等觀念，就不包括在研究範圍之內。射影幾何學裡有一項很重要的結果，就是巴斯卡定理（Pascal's theorem）：

巴斯卡定理：若圓錐曲線上有1、2、3、4、5、6這六個點，並且畫出1-2、2-3、3-4、4-5、5-6、6-1這六條直線，則由下面這三組直線所形成的三個交點共線：

1-2 與4-5　　2-3 與5-6　　3-4 與6-1

（你可以檢查一下巴斯卡定理；爲了方便起見，就在圓周上任選六個點試試看。）

上面所談的六個數學分支，本套書就涵蓋了其中幾個。畢氏定理與如何用正方形瓷磚鋪滿長方形面積的問題，屬於歐氏幾何。公路系統（第7章）與地圖著色（第15章），大部分屬於拓樸學，因爲這類問題的結果都無關於直線直不直或球面圓不圓（如果球面是橡皮做的，那麼被拉伸之後，區域還是區域，相鄰區域仍舊相鄰，而每個頂點的次數也保持不變）。

此外，證明出「存在兩個無窮集合不等勢」的康托定理，則屬於集合論；第18章其實就是在介紹集合論。

集合論裡有個分支稱爲組合學（combinatorics），是專門研究有限集合裡有多少元素的數學。屬於組合學的問題包括：N階的正交表有多少個（第12章，第II冊）？由0與1構成的N元字節記憶輪有多少個（第8章，第I冊）？

另外，代數（algebra）是數學裡的一大支派，探討的是運算，這些運算可讓集合裡的每一對元素，按特定規則對應到該集合的另一個元素。舉例來說，加法運算就是把一對自然數（或整數、有理數、實數與複數）對應到兩數的和——而這個數也是自然數（在其他情形則爲整數、有理數、實數與複數）；不僅如此，上面這五個例子還滿足交換律與結合律。

第11章（第II冊）介紹了一種用於有限集合的運算「。」，不但滿足我們常用的算術規則，還滿足下列這個不尋常的規則：X。(X。Y) = Y。X。當然，附錄C（第II冊）也屬於代數的範圍。

代數裡還有一個分支叫做數論（number theory），研究整數（通常是整數）的加法與乘法，像因數、質數與合數、偶數與奇數、模數與同餘式等觀念，都是數論的一部分；換句話說，第2、3、10等章的內容主要就是數論。

此外如「P_N近似於$N \times (1/1 + 1/2 + \cdots\cdots + 1/N)$」（第2章，第I冊）或「數列$\frac{3}{10}$、$\frac{3}{10}+\frac{3}{100}$、$\frac{3}{10}+\frac{3}{100}+\frac{3}{1000}$、…會趨近於$\frac{1}{3}$」（第9章，第II冊）或「$1/1 + 1/2 + 1/3 + \cdots\cdots + 1/N$的值要多大就有多大」（附錄E）之類的陳述，都屬於分析學（analysis）。分析學的起點是微積分（calculus），研究的主題包括無窮數列、曲線切線的斜率、曲線下的總面積等等，是在物理與工程上應用最廣泛的一門數學；事實上，牛頓當初是把微積分發展爲研究天體運動的工具。

值得一提的是，機率論（theory of probability）是分析學的一個分支，在研究一些某種程度上由機遇決定是否發生的事件的長期行爲；第13章（第II冊）與後面的附錄E就在談機率論。

數學應該是個有機體

然而，我們不該把這些學門切得那麼清楚。各位如果還記得的話，在第15章證明拓樸學的五色定理時，有一部分是依據整數的加減法與乘法，這就是數論；而兩色定理的證明利用到奇數與偶數的性質，這也是數論。還有第6章（第I冊），我們在證明定理2（談到某些長方形無法分割成小塊正方形的那個幾何定理）時，運用了相當多的代數，以及「無理數存在」這個數論的結果。而在第17章，更利用代數來解決尺規作圖的相關問題。

在1900年的一場演講中，德國數學家希爾伯特（D. Hilbert, 1862-1943）對即將到來的二十世紀提出如下的警語：

……我們面對的迫切問題是，數學是否也將步上其他科學學門的後塵，不斷分割成獨立的學門，不但各學門之間連繫鬆散，而且對彼此的領域普遍缺乏了解。我不相信這種事會發生在數學界，也不希望它發生。我個人認爲，數學應該是個有機體，它的生命力取決於各部件的緊密連繫與互動。

希爾伯特不僅有這樣的想法，還身體力行，親自參與發展一門涵蓋範圍最廣的數學——所有數學系統之基礎的邏輯學。這門數學稱爲數理邏輯（mathematical logic）或符號邏輯（symbolic logic），關切的主要是下列這類問題：「數學系統的意義是什麼？」「什麼是證明？」「什麼是定理？」「假設本身不會有矛盾嗎？」「每個眞實的敘述都算是定理嗎？」

從公理，到結論

讓我們說得更明白些。每個數學結構都有它的公理（axiom），這些公理描述出我們想研究的東西。例如第6章的規則I與規則II，就是某種結構的公理（我們在書裡談到了這種結構的兩個例子，一個是電路，另一個是長方形的鋪瓷磚問題）。第11章所處理的運算，滿足一些像 $X \circ X = X$ 或 $X \circ Y = Y \circ X$ 或 $X \circ (X \circ Y) = Y \circ X$ 或 $X \circ (Y \circ Z) = (X \circ Y) \circ Z$ 的公理。

一個結構的公理記錄了我們的假設，因此可協助我們保持條理清楚的思路。數學家的任務，就是試圖發現公理可以推論出什麼結論。舉個簡單的例子，數學家已發現到，滿足X。(X。Y) = Y。X這個公理的任何一個表，都是冪等的。在附錄C，你可以看到代數如何由十一個簡單的公理建構出來。

反證法

在從公理得到結論的過程中，用來驗證所得結論的推理就叫做證明（proof）。證明的方法有很多種，我們在書裡曾用過幾次反證法（proof by contradiction），就是其中一種。用反證法時，我們證出某項陳述如果不正確，會導致矛盾的結果，藉此來證明該陳述爲眞。以下是我們碰過的幾個例子。

在第14章（第II册），我們證明某些方形數字盤不可解的方法，是指出若它們可破解，就會有某個自然數既是奇數又是偶數，而這是不可能的。又如在第2章，我們證明質數有無限多個，是指出若質數是有限多個，一定可以列成一個完整的質數表，這就與質數製造機的存在相矛盾。

此外在第4章，我們在證明有些數的平方根是無理數時，是指出若它們是有理數，則會有某個自然數既是奇數又是偶數。而在第5章裡，我們證明不能用有限多個大小不同的立方塊裝滿一個盒子時，是指出如果能的話，則在有限多個立方塊中會存在無限多個小立方塊；同樣在第5章，我們也證明了邊長分別爲1與$\sqrt{2}$的長方形，無法用正方形鋪滿，因爲如果辦得到的話，$\sqrt{2}$會是個有理數，但我們已經知道它是無理數。

在第11章，我們證明不存在偶數階數的冪等可交換表，因爲若存在這種表，則表的階數同時也會是個奇數。最後在第12章，我們證明了N階的正交表清單裡，不會有N個兩兩正交的表，因爲如果有的話，其中的兩個表將不會正交。

歸納法

另外一種證明的方式叫做歸納法（proof by induction）。這種證法就好像一位童話故事裡的公主，住在一個有無限多個房間的城堡裡，房間標上1、2、3、4、……這些號碼，而公主手裡只有1號房間的鑰匙。不僅如此，每個房間裡有下一個房間的鑰匙，因此當公主進入1號房間，就會拿到2號房間的鑰匙；進入2號房間之後，會拿到3號房間的鑰匙……。若她有足夠的時間，終究能進入城堡裡任何一個房間。

在歸納法裡，我們先證明在1的時候敘述成立，接著再證明若該敘述在自然數N的情況下成立，則對下一個自然數N + 1也成立。

舉例來說，各位不妨回想一下第16章，證明每個N次多項式最多有N個根的過程；我們先證明了一次多項式的情形（相當於公主

有1號房間的鑰匙），接著利用一次多項式的成立，證明原敘述在二次多項式時也成立（相當於公主在1號房間裡找到2號房間的鑰匙）。接著我們證明了，2號房間裡有3號房間的鑰匙，並且表示「同樣的論述可以一步步應用到4次、5次、6次、……的方程式」。實際上，我們在這裡用的歸納法大綱，對象是多項式的次數，相當於論斷：對任何一個正整數N，N號房間裡有N + 1號房間的鑰匙。現在我們就可以推斷，任何一個多項式的根的數目，小於或等於該多項式的次數，這就像我們剛才做出的結論，說公主可以進入任何一個房間。

在第15章，我們用稍加改良的歸納法，證明了引理6：任何球面上的正則地圖，都可以用五色（或更少色）來著色。我們首先觀察到，對於最多只有五個國家的任何一張地圖，該引理都會成立（這相當於公主一下子就有1、2、3、4、5號這五個房間的鑰匙）。接著我們說：「令C是最小爲5的自然數，並假設最多有C個國家的任何一張地圖都可以用五色來著色。現在我們就要證明，有C + 1個國家的任何一張地圖，也能用五色來著色。」

請注意假設條件裡出現的「最多」一詞。如果你仔細看證明過程，會發現在「情況二」所引用的事實是，任何有C – 1個國家的地圖都能用五色來著色。「情況一」與「情況二」加在一起，相當於告訴公主她可以在N – 1或N號房間裡，找到N + 1號房間的鑰匙。即使如此，她還是能進入城堡的每一個房間。證明這條引理所用的歸納法，對象是國家的數目。

窮舉法

有些定理的證明，會用到一種窮舉法（proof by exhaustion），這種方法數學家很少用。我們在第12章曾提到，有人把所有可能的6階表全部列出來，然後兩兩檢查，證出任何兩個6階表都不會正交。另外在第2章也提過，從1到5775的所有奇數都能表示成一個質數與某平方數兩倍的和；我們也能把1到5775的奇數一個一個拿來檢查，證明這個陳述的正確性。

不過，窮舉法說不出什麼道理，既不能解釋爲什麼定理會在5777時突然失效，也說不出6階表有什麼特別奇怪的地方（歐拉曾認爲「6是一個奇數的兩倍」是個重要的線索。）

窮舉法的另一項缺點是，就算使用運算最快速的電腦，也只能檢驗有限多個情形。電腦已經證實了哥德巴赫猜想（Goldbach's conjecture）在2,000,000之內都成立，但對所有大於2的偶數是否成立，還沒有哪台電腦證明出來。

反例的超強威力

此外，我們還可以找出反例，來證明一項敘述不爲眞。比方說「每個奇數都可以寫成一個質數與某平方數兩倍的和」這項猜想，就被5777這個反例給推翻了。歐拉的猜想「階數爲兩倍奇數的表沒有正交表」，就被玻色、帕克及斯克韓弟給推翻，他們三位做出了10、14、18等所有階數的反例（見第II冊第128頁）。

也是利用反例，美國邏輯學家柯亨在1963年，對著名的連續統問題提出全新的看法。連續統問題的內容就是：「實數集合的每一個無窮子集合，是與整數集合等勢，還是與所有實數的集合？」這問題是由康托首先提出的。

柯亨證明出，連續統問題沒辦法根據特定一組公理來解決〔這個結果使數學大師哥德爾（Kurt Gödel, 1906-1978）的早先研究更爲完整〕；這組公理就是集合論當中的沙美羅—法蘭哥公理（Zermelo-Fraenkel axioms）。沙美羅—法蘭哥公理非常強而有力，所有的傳統數學領域（例如本套書提到的所有數學在內）都能由這組公理推導出來！也正因爲如此，所以柯亨的結果引起了極大的震撼。

由柯亨的研究結果，我們可以推知，傳統數學領域不足以解決康托的問題。很多數學家就相信，我們最後一定會發現一些新的基本原理，可以加進沙美羅—法蘭哥公理，進而解決連續統問題。不過，也有一些數學家採取不同的哲學觀點，認爲柯亨的研究已經證明出康托的問題根本就無解。

數學問題都有解嗎？

各位不妨回過頭想想「孿生質數有沒有窮盡？」的問題。我們在第2章是利用「質數製造機」的概念，證明質數沒有窮盡，但不太可能設計出一種「孿生質數製造機」。如果孿生質數眞的像大部分數學家所相信，有無限多個，那麼證明的方法一定不同於我們證明質數有無限多的證法。

有沒有可能孿生質數眞的有無限多個，但在邏輯上根本不可能證明出來？之所以無法證明，倒不是人類在智識上的極限，而是因爲數學結構本身的極限，畢竟這個數學結構是人創造出來的。

四色問題的命運又會如何？會不會只在某個數字以下，比方說球面上的國家數目少於十億時才成立？如果眞是這樣，再快速的電腦也不可能畫出一幅不能以四色來著色的地圖。不過，或許四色猜想對球面上的所有地圖都爲眞。但即便如此，我們仍然不見得能找到一種證法，解釋四色猜想爲什麼爲眞。

希爾伯特的第十個問題

1970年，在戴維斯（M. Davis）、普特南（H. Putnam）、羅賓森（J. Robinson）等人的共同努力下，解出了希爾伯特在1900年提出的二十三個問題的第十個。這個著名的「判定問題」是在找一種算則或自動程序，判斷一個含若干變數的多項方程式有無整數解。

爲了讓大家瞭解這個問題的重要性，我們舉幾個例子。方程式

$$3X - 4 = 0$$

並沒有整數解，因爲3不能整除4。而方程式

$$X^2 + Y^2 = Z^2$$

有整數解，因爲$0^2 + 0^2 = 0^2$，還有$3^2 + 4^2 = 5^2$。方程式

$$X^3 + Y^3 = Z^3$$

只有一組整數解，就是$X = Y = Z = 0$。因此方程式

$$(X^2 + 1)^3 + (Y^2 + 1)^3 = (Z^2 + 1)^3$$

就沒有整數解。

至於形式爲

$$AX + BY = C$$

的任何一個方程式（其中A、B、C都是整數），有沒有一組整數解X與Y呢？這個問題已有一個古老而眾所周知的判斷準則。上述這個方程式所要問的，若以第1章的說法，其實就是：「重量C能否用

A 砝碼與B 砝碼量出來？」而第3 章介紹的歐幾里得算則，就是解這個問題的算術方法；你只要找出A 與B 的最大公因數，若這個數能整除C ，答案就是「能」，若不能整除，答案就是「不能」。

在1970 年，終於證明了並不存在任何一種算則，能適用於所有的多項方程式。在某種意義上，這項結果指出，計算機的極限要比數學知識的極限來得大。

儘管背後暗藏著許多不確定性，數學家仍會繼續努力擴展這個人所創造的宇宙。1808 年9 月2 日，高斯在寫給友人博萊（Wolfgang Bolyai）的信中，就寫到了數學家內心的這種好奇心以及對秩序與美的熱愛：

對眞理的追求還是像以前一樣，給您很大的喜悅嗎？當然，能帶給人最大滿足的，是學習而不是所知；是獲得的過程而不是擁有；是旅程本身而不是終點。如果我已經把某件事徹底澄清了，我會立刻放手，重新去摸索另外的事情。因此我們這種不知足的人是很奇怪的：我們完成一個結構的目的，並不是想安居其內，而是爲了能趕快重新出發。我想這也是世界上偉大征服者的內心感覺；就在他征服了一個帝國的時候，他會立刻伸出雙臂指向下一個目標。

數學健身房

1. 你可以輕易用手電筒（或一盞有黑色燈罩的燈）來示範四種圓錐曲線。手電筒射出的光會呈現圓錐形，而牆面可當成切割圓錐的平面。當然，傾斜手電筒比傾斜牆面容易。請試著在黑暗的房間裡，用手電筒的實驗來證明：

   (a) 手電筒正對著牆時，光點呈現圓形。

   (b) 手電筒稍微傾斜時，光點呈現橢圓形。

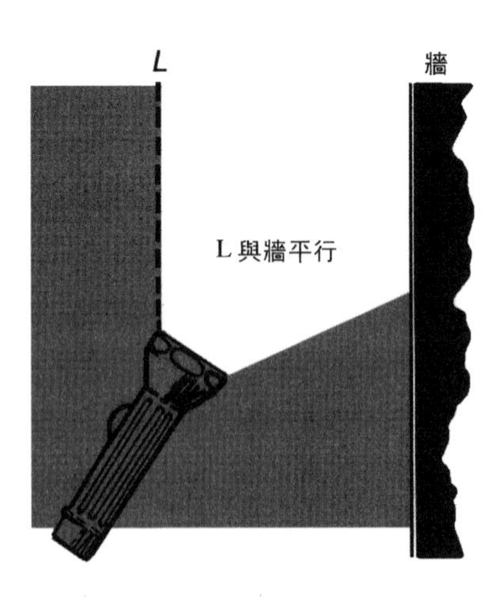

   (c) 手電筒傾斜成上圖所示的位置時，光點爲一個拋物線。

   (d) 手電筒更加傾斜時，得到的是（部分的）雙曲線。

2. 請在黑暗的房間裡，用手電筒來顯示一個平行四邊形的陰影不一定是平行四邊形。

你可以用一本薄的書或一張厚紙，來代表平行四邊形。（必須把書稍微傾斜，使書不與牆面平行；書就像內文第171頁圖上的透明片，牆面就像屏幕。）

3. (a) 請畫個圓，並在圓上任選六個點，依序標示爲1、2、3、4、5與6。

   (b) 請就(a)的六個點，驗證巴斯卡定理。

4. 利用兩個圖釘及一截繩子，畫一個橢圓。可先把圖釘固定在紙片上，並讓兩圖釘間的距離比繩長短，再將繩子的兩端綁在圖釘上。然後，用一枝鉛筆像下圖那樣把繩子拉緊，開始畫曲線（爲了畫出一個完整的圈，必要時可將繩子越過圖釘）。

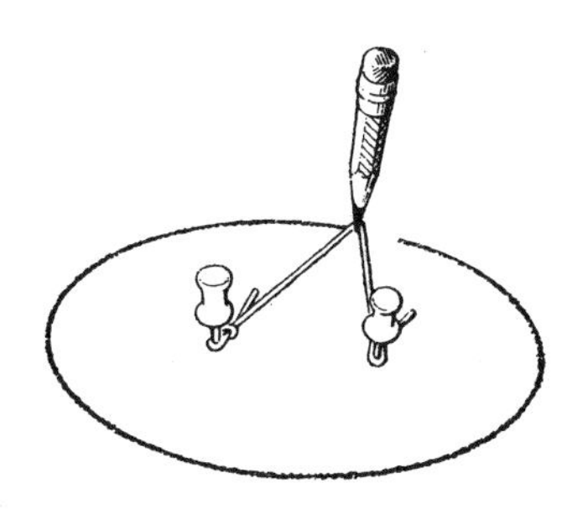

我們能夠證明這條曲線就是橢圓。請畫出三條這種曲線。如果兩個圖釘重疊，你會得到什麼曲線？刻卜勒與牛頓指出，地球的軌道是個橢圓，而太陽就位在其中一個圖釘的位置上。

5. (a) 用第4題的方法，並用一段長約15公分的線在紙上畫橢圓。

   (b) 用手電筒打光在紙上，使光影的大小與你在(a)所畫的橢圓一樣。

6. (a) 用第4題的方法畫個橢圓。

   (b) 在橢圓上選六個點，以這些點來驗證巴斯卡定理。

7. 射影幾何學的另一項重要結果，是「德薩格定理」(Desargues' theorem)：

德薩格定理：如圖，令ABC與A′B′C′是同一平面上的兩個三角形，且直線AA′、BB′與CC′相交於同一點，則直線a與a′的交點、b與b′的交點及c與c′的交點，三點共線。

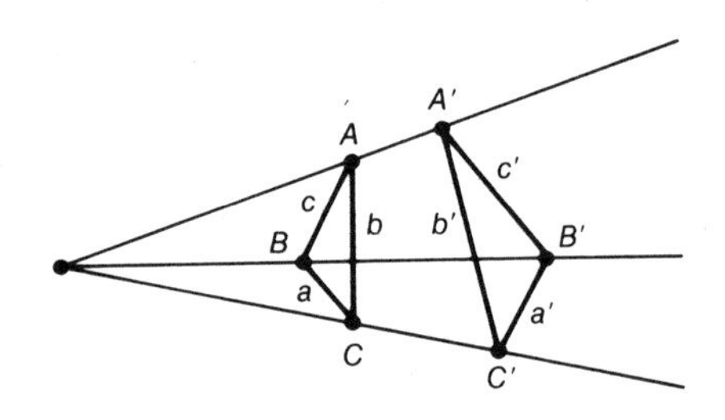

請用兩個例子驗證德薩格定理。

8. 試證：第15章引理2的證明，可以做爲國家數目的歸納法。

9. 利用歸納法，證明大於1的每一個自然數，要麼就是質數，不然就是質數的乘積。（提示：第2章定理3的證明的背後想法，可以成爲一個歸納法。）

10. 設A、B、C與D都是整數。試建立一種算則，來判斷方程式 $AX + BY + CZ = D$ 的X、Y與Z是否有整數解。

11. 如果一個自然數正好是除了自己以外的因數的和，我們就稱這個自然數是完全數（perfect number）。

 (a) 試證6、28、496及8128都是完全數。

 (b) 試證(a)裡的數的形式都是「2^m・質數」，其中的質數形式是 $2^{m+1} - 1$；例如 $28 = 2^2 \cdot (2^3 - 1)$。

在小於1,000,000,000,000,000,000（$=10^{18}$）的自然數當中，沒有奇數的完全數。至於是否有奇數的完全數，則沒人知道。數學家已經證明，偶數的完全數一定是(b)的形式。（比2的乘方數少1這種形式的質數是不是無窮盡，也沒有人知道。）這個問題可以追溯到歐幾里得的時代。可參考「延伸閱讀」[1]與[3]。

12. 第18章的第41題列出了下面這個(3, 7)組合：

 {1, 2, 3}，{1, 4, 5}，{1, 6, 7}，{2, 4, 6}，{2, 5, 7}，{3, 4, 7}，{3, 5, 6}。

 利用這個來自集合論或組合學的組合，並依下列步驟做出一個7階表：

 (a) 用1、2、3、4、5、6及7標出做爲指標的列與行。

 (b) 對於1到7的每一個N，定義N。N等於N，然後依序填滿主對角線上的空格。

 (c) 若M與N不相等，且M、N正好是給定(3, 7)組合元素裡的前面兩個數，則定義M。N等於組合元素的第三個數，比方說3。5 = 6，因爲3與5出現於{3, 5, 6}。

 (d) 填滿表裡的49個空格。

13. 證明第12題所建構的表能滿足下列規則：

 (a) X。X = X； (b) X。Y = Y。X； (c) X。(X。Y) = Y。

 第12與13題想說明的是，不同的數學支派之間沒有任何界線。

14. 由第12題的(3, 7)組合，可以構成一個迷你幾何系統。我們定義「點」爲自然數1、2、3、4、5、6與7，並把「線」定義成第12題所列的其中一個集合。因此，這個系統有七條線，而若某個點出現在某條線的元素裡，我們就說這條線「通過」該點。

 (a) 試證：任意兩個不同的點，只有一條直線會通過。

(b) 試證：兩條不同的線只有一個交點。

本題蘊含的意義與前兩題相同。（關於這一類型的題材，可進一步參考「延伸閱讀」[8]的第94至103頁。）

15. 請說明第10章的定理5是用歸納法證明的。

16. 請說明第7章「數學健身房」第15題的證明綱要，是以邊數的歸納法為基礎。

17. (a) 已知N是自然數，請證明若小於或等於$\sqrt{N}$的質數都不能整除N，則N是質數。提示：可設N是合數，再找出矛盾之處。

(b) 利用(a)的結果，證明211是質數。（提示：因爲$15^2 = 225$，可知$\sqrt{211}$小於15；因此若能證明小於15的質數都不能整除211，211就是質數。）

(c) 利用(a)的結果，證明307是質數。

18. 把一截線或橡皮帶如圖那樣纏繞，再把兩端綁起來。

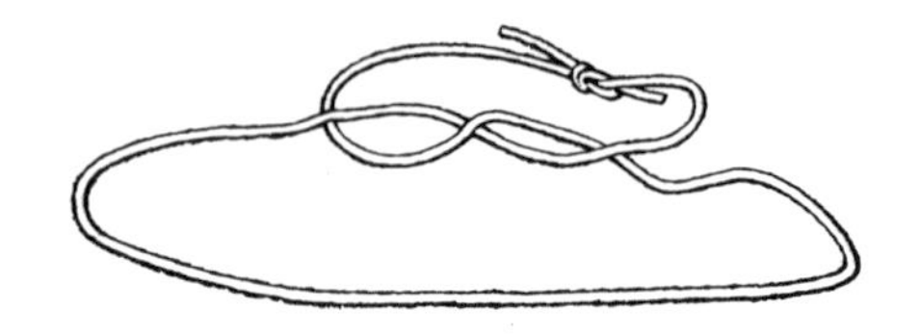

(a) 請（由實驗）證明：當你把橡皮帶在空間裡移動，它還是保持纏繞狀態。

(b) 爲什麼紐結理論（theory of knots）屬於拓樸學而不屬於集合論？

19. 以城市的數目做歸納，解第7章「數學健身房」第33(b)題。

20. 試利用歸納法，完整證明第3章的定理2。

21. (a) 在果醬蓋或圓形的硬紙板中央打個小洞。

(b) 把蓋子垂直固定在一個平面上（如桌面），然後用手電筒的光束照它，使陰影成爲一個圓。

(c) 同(b)，當陰影呈圓形時，透過中央小孔的光點，會在陰影的圓心上嗎？

(d) 我們能證明，橢圓的陰影也是個橢圓。那麼橢圓中心點的「陰影」一定也是「陰影的中心點」嗎？試解釋之。

(e) 射影幾何學研究橢圓嗎？研究橢圓的中心嗎？

22. 已知一個底爲b、高爲h的平行四邊形（如圖所示），面積與底爲b、高爲h的長方形相等。

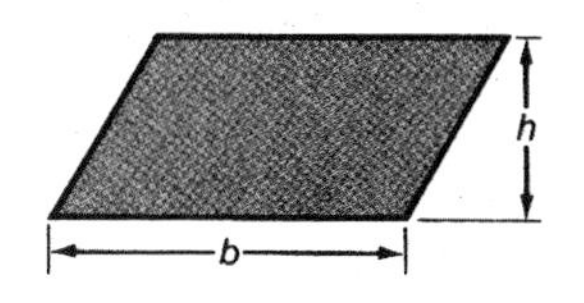

(a) 利用圖示證明上面的敘述。

(b) 找（或做）一個紙的圓筒，讓圓筒上有一條從一邊到另一邊的斜接縫。請很小心的把接縫撕開，再把紙攤開，你就會發現紙展開後是個平行四邊形。請問你要如何利用這個事實來得到(a)的結果？

(c) 用什麼方式可以讓(a)的證明更有說服力？有什麼方式可以讓(b)的證明更有說服力？

23. 在圓周上選幾個點，並且把每兩個點用直線連起來。（在選擇點的時候，不要讓所成的任意三條線在圓內相交於同一點。）例如選了四個點，會畫成右圖這樣的圖形；在這個例子裡，我們把圓分割成八個區域。

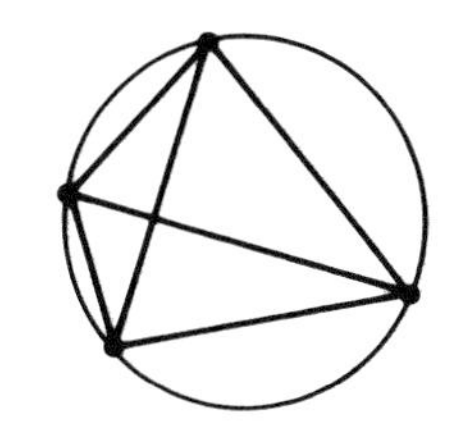

(a) 當你選了2個、3個與5個點時，會把圓分成幾塊區域？

(b) 根據2、3、4、5的例子，做個猜想。

(c) 你的猜想正確嗎？

24. 奇數與偶數的差異，在下列情況裡各扮演什麼樣的角色？

(a) 方形數字盤的分析（第14章）。

(b) 證明$\sqrt{2}$是無理數（第4章）。

(c) 公路巡警的問題（第7章）。

(d) 冪等可交換表的研究（第11章）。

(e) 用兩色爲地圖著色（第15章）。

(f) 實係數多項式的實數根討論（第16章）。

25. 請找美國生化學家華森（J. D. Watson, 1928- ）所寫的《雙螺旋》（*The Double Helix*，中文版由時報出版），至少閱讀其中第25、26與27三章。以此爲基礎，或是再參考其他書籍，討論「生物學的基礎是幾何學」這個主題。

延伸閱讀

[1] E. Nagel and J. R. Newman, *Gödel's Proof*, New York University Press, 2001 (Revised edition).（本書介紹了哥德爾證明牽涉到的觀念。）

[2] David Hilbert, Mathematical problems, lecture delivered in 1900, *Bulletin of the American Mathematical Society*, vol. 8, 1902, pp. 437-479.（在這篇講稿裡，談論的是數學的過去與未來；希爾伯特提出的著名的23個問題也收錄在文章裡，其中的幾個問題目前還未解出來。）

[3] C. B. Haselgrove, Applications of digital computers in mathematics, *Mathematical Gazette*, vol. 42, 1958, pp. 259-260.

[4] E. T. Bell, *Men of Mathematics*, Touchstone Books, 1986.（本書寫到了許多數學家的生平，包括費馬、巴斯卡、牛頓及赫密特；中文版爲《大數學家》，九章出版。）

[5] M. Kline, *Mathematics, a Cultural Approach, AddisonWesley*, 1963.（書裡的〈Mathematics and Painting in the Renaissance〉這一章，談到了射影幾何學的源起。）

[6] T. Dantzig, *Number, the Language of Science*, Free Press, 1985 (Fourth rev edition).（第4章談到了歸納法。）

[7] J. R. Newman, *The World of Mathematics*, vol. 1, Dover, 2000.（第622至641頁的文章〈Projective Geometry〉作者爲M. Kline，原刊登在1955年的《科學美國人》(*Scientific American*) 雜誌上。）

[8] D. Hilbert and S. Cohn-Vossen, *Geometry and the Imagination*, Chelsea, 1999 (reprint edition).（有關圓錐曲線的部分可參考第1至11頁。）

[9] W. M. Ivins, Jr., *Art and Geometry*, Dover, 1946.

[10] M. Kline, *Mathematics in Western Culture*, Oxford University Press, 1965.（有關幾何的部分，可參閱第4、10及11章；中文版爲《西方文化中的數學》，九章出版。）

[11] N. Bourbaki, The architecture of mathematics, *American Mathematical*

Monthly, vol. 57, 1950, pp. 221-232. (Nicolas Bourbaki 是一群法國數學家的名稱。)

[12] A. Weil, The future of mathemmatics, *American Mathematical Monthly*, vol. 57, 1950, pp. 295-306.

[13] D. R. Weidman, Emotional perils of mathematics, *Science*, vol. 49, 1965, p. 1048.

[14] E. P. Wigner, The unreasonable effectiveness of mathematics in the natural sciences, *Communications on Pure and Applied Mathematics*, vol. 13, 1960, pp.1-14.

[15] Two key mathematics questions answered after quarter century. *New York Times*, November 14, 1963, p. 37.

[16] P. J. Cohen and R. Hersh, Non-Cantorian set theory, *Scientific American*, vol. 217, December 1967, pp.104-116.

[17] O. Ore, *Graphs and Their Uses*, Mathematical Association America, 1991 (revised edition).

[18] R. M. Robinson, Undecidability and nonperiodicity for tilings of the plane, *Inventiones Mathematicae*, vol. 12, 1971, pp.177-209. (這篇漂亮的論文融合了電腦、邏輯學及幾何，及用以檢驗特定幾種正方形鋪面的精采架構。)

[19] M. Davis, Hilbert's 10th problem is unsolvable, *American Mathematical Monthly*, vol. 80, 1973, pp. 233-269. (這篇論文非常完整的展示了希爾伯特第十個問題的解法。)

附錄 E
等比與調和級數

附第14章（第II 冊）談到一件事，就是當N 愈來愈大時，3/10 + $3/10^2$ + … + $3/10^N$ 會愈來愈接近1/3；我們將在後面的定理3 證明這部分。而第2章（第I 冊）則用1/1 + 1/2 + 1/3 + … + 1/N 這個式子，來估計前N 個質數的平均間隔；我們會在定理1 檢驗這式子的和，待會你就會看到它與定理3的結果截然不同。

至於定理2，則是「99,999 比100,000 少1」這個事實的基礎，是十進位制一項很重要的性質。在第17章，我們就曾用定理2 來證明

$$1+F+F^2+F^3+F^4=\frac{F^5-1}{F-1}$$

首先我們來考慮1, 1/2, 1/4,…這個無窮數列，數列裡的每一項都是前一項乘以1/2 的結果。令S_N是該數列前N 項的和。因此，

$$\begin{aligned}
S_1 &= 1 &&= 1.000\\
S_2 &= 1+\tfrac{1}{2} &&= 1.500\\
S_3 &= 1+\tfrac{1}{2}+\tfrac{1}{4} &&= 1.750\\
S_4 &= 1+\tfrac{1}{2}+\tfrac{1}{4}+\tfrac{1}{8} &&= 1.875
\end{aligned}$$

當N 變大時，S_N也跟著變大。但S_N會無限制的增加嗎？超過10 、100 、最後突破1000 、……？或者只會愈來愈趨近某個實數，就不會再繼續變大？如果是這樣，這個數會是多少？

有兩個因素會影響S_N的增加程度。首先，由於加進了愈來愈多

的數，因此我們會猜S_N可能沒有什麼上限。其次，我們每次加上去的數愈來愈小，所以也可以想像S_N或許不會變得很大，因此可能趨近於某個數。

在決定上面兩個因素中，哪一個對數列1, 1/2, 1/4, 1/8, …比較有影響力時，我們最好先來看另外一個數列，也就是所謂的調和數列（harmonic series）：

$$\frac{1}{1}, \frac{1}{2}, \frac{1}{3}, \frac{1}{4}, \frac{1}{5}, \ . \ . \ .$$

令s_N是調和級數前N項的和。因此，

$$\begin{aligned} s_1 &= 1 &&= 1.000 \\ s_2 &= 1 + \tfrac{1}{2} &&= 1.500 \\ s_3 &= 1 + \tfrac{1}{2} + \tfrac{1}{3} &&= 1.833 \cdots \\ s_4 &= 1 + \tfrac{1}{2} + \tfrac{1}{3} + \tfrac{1}{4} &&= 2.083 \cdots \end{aligned}$$

你可以再多算幾個部分和。

當N愈來愈大時，s_N會變得怎樣？作用在前一個例子裡的兩種因素，同樣在這裡發揮了影響力。但哪一個影響較大？我們利用下面的定理來回答。

定理1：若s_N是1/1 + 1/2 + 1/3 + ⋯ + 1/N之和，則當N愈來愈大時，s_N的增加沒有上界。

證明：仔細檢查s_2、s_4、s_8、s_{16}、⋯等項，也就是N為2的乘方數的部分和s_N。

首先，

$$s_2 = 1 + \tfrac{1}{2} = \tfrac{3}{2}$$

其次，$s_4 = 1 + \frac{1}{2} + \frac{1}{3} + \frac{1}{4} = s_2 + \frac{1}{3} + \frac{1}{4}$，比$s_2 + \frac{1}{4} + \frac{1}{4}$要大，因此，

$$s_4 \text{ 大於 } s_2 + \frac{1}{2}$$

所以

$$s_4 \text{ 大於 } \frac{4}{2}$$

再來，$s_8 = s_4 + \frac{1}{5} + \frac{1}{6} + \frac{1}{7} + \frac{1}{8}$，大於$s_4 + \frac{1}{8} + \frac{1}{8} + \frac{1}{8} + \frac{1}{8}$，因此$s_8$大於$s_4 + \frac{1}{2}$，我們就可以說

$$s_8 \text{ 大於 } \frac{5}{2}$$

同樣的，你也可以驗證出s_{16}大於$s_8 + \frac{1}{2}$，因此

$$s_{16} \text{ 大於 } \frac{6}{2}$$

利用相同的想法，你可以證出s_{32}大於$\frac{7}{2}$，s_{64}大於$\frac{8}{2}$。
因此當N很大的時候，s_N可以大於任意多個$\frac{1}{2}$的和，因此s_N並沒有上界。故定理1得證。

在調和級數的例子裡，第一種因素的力量較強大。那麼在我們談到的第一個數列1, 1/2, 1/4, 1/8,…，哪一種的力量比較大呢？令S_N為該數列前N項的和，後面要介紹的定理2將告訴我們，

$$S_N = \frac{1-(\frac{1}{2})^N}{\frac{1}{2}} \tag{1}$$

這個公式比下面的公式短得多：

$$S_N = 1 + \tfrac{1}{2} + \tfrac{1}{4} + \tfrac{1}{8} + \cdots + (\tfrac{1}{2})^{N-1} \tag{2}$$

（請特別注意，第N項是$(\frac{1}{2})^{N-1}$；不信可以用N = 4 檢查看看。）

雖然(2)式愈來愈難掌握，但不管怎麼看，(1)式都比較簡潔。當N愈來愈大時，我們用(1)式會比用(2)式更容易預測S_N的變化。稍微用心觀察，我們就會發現$S_N < 1/\frac{1}{2}$，因此當N變大時，S_N仍然小於2。不僅如此，當N愈大，$(\frac{1}{2})^N$會趨近於0，因此我們發現S_N趨近於

$$\frac{1-0}{\frac{1}{2}}$$

也就等於2。因此對於這個數列，主導的因素是第二種：「後面增加的項的值迅速減少」。

我們將看到一項結果，就是公式(1)只是個特例。

若a與r是兩個實數，則下列N個數

$$a, ar, ar^2, ar^3, \ldots, ar^{N-1}$$

稱爲幾何數列（geometric series or geometric progression）或等比數列。例如，若a是1，r是1/2，我們就得到等比數列1, 1/2, 1/4, …；若a是3/10，r是1/10，得到的等比數列則是$3/10, 3/10^2, 3/10^3, \cdots$。任何一個等比數列都適用下面這個定理。

定理2（有限等比級數和）：

若a與r是實數，而$r \neq 1$。令$S_N = a + ar + ar^2 + \cdots + ar^{N-1}$。則

$$S_N = \frac{a(1-r^N)}{1-r}$$

證明：我們已經知道

$$S_N = a + ar + ar^2 + \cdots + ar^{N-1} \tag{3}$$

以及

$$rS_N = ar + ar^2 + \cdot \cdot \cdot + ar^{N-1} + ar^N \tag{4}$$

用(4)式減(3)式，會消去很多項，並得到

$$S_N - rS_N = a - ar^N$$

這個式子可進一步化簡成

$$(1 - r)S_N = a(1 - r^N) \tag{5}$$

將(5)式的等號兩邊同除以1 – r（幸好不爲0），可得

$$S_N = \frac{a(1 - r^N)}{1 - r}$$

故定理2得證。

定理2很容易導出接下來的定理3。

定理3（無窮等比級數和）：

令S_N是等比數列

$$a, ar, ar^2, ar^3, . . .$$

前N項的和，其中r小於1但大於–1。則當N愈來愈大時，S_N會趨近於

$$\frac{a}{1 - r}$$

證明：由定理2，可知S_N會等於

$$\frac{a(1-r^N)}{1-r}$$

因爲r的值介於1與−1之間，所以當N變大時，r^N趨近於0。因此，S_N會趨近於

$$\frac{a(1-0)}{1-r}$$

故定理3得證。

定理3常寫成下面這種容易引起誤會的簡略公式：

$$a+ar+ar^2+ar^3+\cdots=\frac{a}{1-r} \tag{6}$$

各位在使用這個公式時，要很小心。這個公式不是用來描述無窮多個數的加法，而是描述有限多個數的和的變化情形。

例題1　若a = 1，r = 1/2，可由公式(6)得到

$$1+\frac{1}{2}+\frac{1}{4}+\frac{1}{8}+\cdots=\frac{1}{1-\frac{1}{2}}=2$$

例題2　當a = 3/10，而r = 1/10，我們可由公式(6)得到

$$\frac{3}{10}+\frac{3}{100}+\frac{3}{1000}+\cdots=\frac{\frac{3}{10}}{1-\frac{1}{10}}=\frac{1}{3}$$

（在小數記數法裡，例題2可寫成：$0.3333\cdots=\frac{1}{3}$。）

我們現在要把等比級數應用在機率理論上。假設有兩支勢均力

敵的排球隊，分別代表夏威夷與德州。比賽的規則是，若哪一隊先領先兩分，就算獲勝。例如夏威夷隊一開始就連拿下兩分，賽事就結束了，勝隊得2分，輸隊得0分；也有可能夏威夷先贏一分，但德州後來居上，連勝三分，因而領先兩分，比賽也就此結束，此時勝隊得3分，而輸隊得1分。

如果以H與T分別代表夏威夷與德州的勝分，那麼比賽的結果就可以記錄成一長串H與T；例如，HTTHHH 就告訴我們，夏威夷先贏一分，接下來是德州連拿兩分，而之後的三分都是夏威夷搶下的，而且比賽就此結束。最後，勝隊得4分，而敗隊得2分。

有時比賽很快就結束，有時會拖很久。現在問題來了。

問題：若夏威夷與德州比賽了上百萬局，勝隊平均得多少分？

就算我們沒有排球，也沒有兩支勢均力敵的球隊，依然可以藉著實驗來處理這個問題。請選一個銅板，轉動或拋擲它；若出現正面（人頭），就算夏威夷贏，若出現反面（梅花）就是德州勝。有了這枚銅板，很容易就可以得出十場比賽的結果，並算出勝隊的平均得分。

我用銅板模擬的十場比賽當中，勝隊的得分依序如下：

$$2, 5, 3, 2, 3, 6, 2, 7, 3, 2$$

所以在這十次比賽裡，勝隊的平均得分為

$$\frac{2+5+3+2+3+6+2+7+3+2}{10} \qquad (7)$$

就等於$\frac{35}{10}$或3.5。當然，你們的試驗結果不一定與我做的一樣。

現在我們想知道，如果比賽的次數愈來愈多，勝隊的平均得分會有什麼變化。把(7)式分子裡的相同數字合併，(7)式就可以重新寫成：

$$\frac{4\cdot 2+3\cdot 3+0\cdot 4+1\cdot 5+1\cdot 6+1\cdot 7}{10} \tag{8}$$

(8)式的分子記錄了，勝隊得2分的次數有四次，三次得3分，沒有得過4分，而得5分、6分與7分的各有一次。

接著，我們再把(8)式改寫成：

$$\tfrac{4}{10}\cdot 2+\tfrac{3}{10}\cdot 3+\tfrac{0}{10}\cdot 4+\tfrac{1}{10}\cdot 5+\tfrac{1}{10}\cdot 6+\tfrac{1}{10}\cdot 7 \tag{9}$$

在(9)式裡，$\frac{4}{10}$是全部十場比賽次數當中，得2分所占的比例，$\frac{3}{10}$則是得3分的次數所占的比例……，以此類推。

(9)式暗示我們，若比賽了上百萬場，我們可以去估計得2分（或3分、4分、……）的次數占了總次數多少比例（在我們的試驗裡是4/10）。那麼在其他情形，要用什麼樣的數字取代這個比例呢？

我們現在就來研究一下，經過長期比賽之後，勝隊得2分的場次占了多少比例。在前兩次轉動銅板之後，我們只有下列四種結果：

$$\text{HH} \qquad \text{HT} \qquad \text{TT} \qquad \text{TH} \tag{10}$$

在第一種與第三種情況，勝隊會得兩分。我們假設銅板是完全公平的，因此這四種結果出現的機率相同，所以勝隊得兩分的機率是四分之二。長期比賽下來，得兩分所占的比例會是1/2而不是4/10。這並不矛盾，因為十次比賽的實驗只是在提供我們思考的方向，而非用來預測一百萬次實驗會得到什麼結果。

其次，就長期而言，勝隊得3分的次數所占的比例應該是多少？

（在我們的實驗裡，勝隊得3分的比例是3/10。）勝隊若得3分，兩隊在前兩場比賽裡一定是平分秋色，接著其中一隊再連贏兩分。仔細檢查(10)式，會發現在前兩場，兩隊互有勝負的機率是四分之二，因此在全部比賽當中，勝隊得2分以上的場次占了二分之一。

在接下來的兩場比賽當中，有半數的場次會出現H H 或T T 這兩種結果的其中一種（也就是勝隊得3分的情形）。由於1/2 • 1/2 = 1/4，我們可以知道勝隊得3分的比賽次數，長期下來會占總場數的四分之一。（和我們實驗所得到的3/10比較，相當有趣。）

你也可以用類似的方法，說明勝隊得4分的場次占了總場數的八分之一。同樣的，得5分的比例是十六分之一，……，以此類推。

從(9)式得到的線索，我們預期勝隊的平均得分會是：

$$\tfrac{1}{2}\cdot 2+\tfrac{1}{4}\cdot 3+\tfrac{1}{8}\cdot 4+\tfrac{1}{10}\cdot 5+\cdot\cdot\cdot \qquad (11)$$

我們面對的，是求無窮級數和的問題，有點像等比級數，但很不幸的，這不是等比級數。我們期望(11)式前面N項的和會愈來愈接近平均得分數，而且期望這個值會接近3.5。先暫停一會兒，思考一下這個問題，在此同時我們至少把前四項相加。算到小數第三位，可得：

$$\tfrac{1}{2}\cdot 2+\tfrac{1}{4}\cdot 3+\tfrac{1}{8}\cdot 4+\tfrac{1}{16}\cdot 5=1+\tfrac{3}{4}+\tfrac{4}{8}+\tfrac{5}{16}=2.562$$

你可以把前十二項加起來，猜猜看(11)式的值會是多少。

我們先假設(11)這個級數有和（也就是說，它不會像調和級數那樣失控）。這項假設是可以驗證的，不過證明的過程太冗長了。令(11)的級數和是W，現在我們要把(11)式設法改成類似等比級數的形式，以求出W。

我們已經知道

$$W = 2 \cdot \tfrac{1}{2} + 3 \cdot \tfrac{1}{4} + 4 \cdot \tfrac{1}{8} + 5 \cdot \tfrac{1}{16} + \cdots \qquad (12)$$

但(12)式不是等比級數，所以我們要試著用等比級數(3)的求和方法，來求(12)的和。先將(12)式乘以1/2，得到

$$\tfrac{1}{2}W = 2 \cdot \tfrac{1}{4} + 3 \cdot \tfrac{1}{8} + 4 \cdot \tfrac{1}{16} + 5 \cdot \tfrac{1}{32} + \cdots \qquad (13)$$

就像在前面用(4)減(3)，我們現在要從

$$W = 2 \cdot \tfrac{1}{2} + 3 \cdot \tfrac{1}{4} + 4 \cdot \tfrac{1}{8} + 5 \cdot \tfrac{1}{16} + \cdots \qquad (14)$$

扣掉下面這個關係式：

$$\tfrac{1}{2}W = \qquad 2 \cdot \tfrac{1}{4} + 3 \cdot \tfrac{1}{8} + 4 \cdot \tfrac{1}{16} + \cdots \qquad (15)$$

這一次，我們並不是把各項相消，而是得到

$$W - \tfrac{1}{2}W = 2 \cdot \tfrac{1}{2} + \tfrac{1}{4} + \tfrac{1}{8} + \tfrac{1}{16} + \cdots \qquad (16)$$

因為$\frac{1}{4}+\frac{1}{8}+\frac{1}{16}+\cdots$是個等比級數，其中$a=\frac{1}{4}$，而$r=\frac{1}{2}$，所以(16)式可化簡成

$$W - \tfrac{1}{2}W = 2 \cdot \tfrac{1}{2} + \tfrac{1}{2} \qquad (17)$$

把(17)式的等號兩邊再化簡，可得

$$\tfrac{1}{2}W = \tfrac{3}{2}$$

因此W的值是3。問題解決了！

數學健身房

1. 求下列無窮等比級數的和。

   (a) $1/4 + (1/4)^2 + (1/4)^3 + \cdots$　（答案：1/3）

   (b) $1 + 2/3 + (2/3)^2 + \cdots$　（答案：3）

   (c) $1 - 1/2 + 1/4 - 1/8 + \cdots$　（答案：2/3）

2. 令 $S_N = \frac{1}{1\cdot 2} + \frac{1}{2\cdot 3} + \frac{1}{3\cdot 4} + \cdot\cdot\cdot + \frac{1}{N(N+1)}$

   例如：

$$S_3 = \frac{1}{1\cdot 2} + \frac{1}{2\cdot 3} + \frac{1}{3\cdot 4}$$

   這個部分和的小數值是0.750。請計算下列各部分和，到小數第三位：(a) S_1；　(b) S_2；　(c) S_3；　(d) S_4；　(e) S_5；　(f) S_6。

3. 延續第2題。請證明 $S_N = 1 - (1/(N+1))$。

   （提示：$1/(1 \cdot 2) = (1/1) - (1/2)$，$1/(2 \cdot 3) = (1/2) - (1/3)$，$1/(3 \cdot 4) = (1/3) - (1/4)$，……，以此類推。）

4. 延續第3題，請證明第2題的 S_N 趨近於1。

5. 令 S_N 等於 $1/1^2 + 1/2^2 + 1/3^2 + \cdots + 1/N^2$；例如 $S_4 = 1/1 + 1/4 + 1/9 + 1/16$（$S_4$ 的值到小數第三位是1.423）。請計算下列各部分和到小數第三位：(a) S_5；　(b) S_6；　(c) S_7。

6. 延續第5題。利用「$1/2^2$ 小於 $1/(1 \cdot 2)$，$1/3^2$ 小於 $1/(2 \cdot 3)$，$1/4^2$ 小於 $1/(3 \cdot 4)$，……」的事實，證明第5題的每一個 S_N 都小於2。（提示：利用第2至第4題。）

   我們能夠證明 $1/1^2 + 1/2^2 + 1/3^2 + \cdots = \neq^2/6$。

7. 請利用第6題，證明若$S_N = 1/1^3 + 1/2^3 + 1/3^3 + \cdots + 1/N^3$，則$S_N$永遠小於2。

   不過，目前還沒有人知道

$$1/1^3 + 1/2^3 + 1/3^3 + \cdots = C$$

   是否會像$1/1^2 + 1/2^2 + 1/3^2 + \cdots$ 與$\neq^2$有關那樣，與$\neq^3$有任何關係。甚至沒有人知道$C/\neq^3$是否為有理數。

8. 我們已經證明，調和級數前N項的和S_N，在N很大時沒有上限。試證S_N增加得「很慢」；特別是證明：

   (a) S_4小於$1 + 1/2 + 1/2 + 1/2 = 5/2$；

   (b) S_8小於$S_4 + 1/4 + 1/4 + 1/4 + 1/4$，因此小於7/2；

   (c) S_{16}小於9/2；

   (d) S_{32}小於11/2。

9. 在本附錄，我們考慮了數列的和，而在第2章（見「數學健身房」第51至54題），有類似的問題考慮數列的乘積。試證在第2章的那四題習題裡，兩種操控的因素分別為：

   (a) 使乘積A_N（或B_N）不趨近於0（這些項趨近於1）的力量；

   (b) 使乘積A_N（或B_N）趨近於0（這些項小於1）的力量。

   請注意兩股力量怎麼平衡。

10. 求下列各級數和的值：

    (a) $1 + 1/3 + 1/9 + 1/27 + \cdots + 1/3^{10}$

    (b) $1 - 1/3 + 1/9 - 1/27 + \cdots + 1/3^{10}$　（正負號交替）。

    (c) $1 + 3 + 9 + 27 + \cdots + 3^{100}$。

11. 已知一個橄欖球掉下來之後，會反彈9/10的高度。請問從6英尺高掉下來的橄欖球，總共走多少距離？

12. 已知一個物體在t秒內會掉16t2英尺。請問第11題中的那個橄欖球會彈跳多久？

13. 請計算20次比賽（用實驗來進行）的平均得分，並將它與理論值3，做一比較。

14. 請計算(11)這個級數前15項的和至小數第三位。

15. 請說明爲什麼得4分的比賽，占總賽數的比例趨近於八分之一。（提示：兩隊在前兩場平分秋色，三、四這兩場又互有勝負，直到其中一隊在五、六兩場連續獲勝，才會得4分。）

16. 延續第15題。試說明爲什麼得5分的比賽占總場數的比例是十六分之一。

17. 在夏威夷與德州隊的排球比賽中，勝負的平均得分差是多少？（提示：可想想爲何輸隊的平均得分是1？）

18. 一隻小蟲在實數線上從0開始爬，每次向左或向右走1，因此在一步之後，小蟲子不是在1就是在−1。現在我們在2與−2放置捕蟲器，若有很多小蟲這樣漫步，那麼在牠們掉入捕蟲器之前，平均會走幾步？（提示：本題是第17題的僞裝。）

兩個球隊的問題與這裡的小蟲漫步問題，都是機率理論的一部分，稱爲「隨機游動」(random walk)。隨機游動的相關數學理論，應用廣泛，例如流體通過某物體的滲透作用、煙在空氣中的擴散、中子被捕獲前在核子反應器裡的碰撞與反彈運動等等。

19. 利用等比級數和的公式，證明：

(a) 999比1,000少1。

(b) 9,999比10,000少1。

(c) 99,999比100,000少1。

20. 利用等比級數和的公式，證明在2進位數中，

(a) 111_2比1000_2少1。

(b) 1111_2 比 10000_2 少1 。

(c) 11111_2 比 100000_2 少1 。

21. (a) 利用定理3 ，證明 $0.689999999\cdots = 0.690000000\cdots$。

 (b) 用同樣的方法，證明 $0.01111111\cdots = 0.100000000\cdots$（以2爲底）。

22. 利用等比級數，證明

 (a) $0.10000\cdots$（以2爲底）等於 $0.111111\cdots$（以3爲底），其中，小於1的數的三進位表示法，與小於1的數的二進位及十進位表示法類似。

 (b) $0.3333333\cdots$（以10爲底）等於 $0.10000000\cdots$（以3爲底）。

23. (a) 試證 $0.10000\cdots$（以3爲底）等於 $0.010101\cdots$（以2爲底；其中0與1交錯出現）。

 (b) 證明 $0.10101010\cdots$（以3爲底；其中0與1繼續交錯出現）等於0.011（以2爲底）。

24. 除了 $m = 1$ 及 $n = 1$ 的情況外，下列敘述可不可能正確？

$$\overbrace{111\cdots1}^{m\text{個}1}{}_3 \quad \text{等於} \quad \overbrace{111\cdots1}^{n\text{個}1}{}_2$$

延伸閱讀

[1] W. Feller, *An Introduction to Probability Theory and Its Applications*, vol. 1, 2nd ed., 1957, Wiley.（如果某隊伍要勝k分，那麼平均得分會是k(k + 1)/2；這可由此書第317至318頁證出的更一般性的結果推論出來。欲進一步了解隨機游動，請參閱此書第311至318頁及索引。）

附錄 F
任何維數的空間

在第16章我們曾談到，除了一維、二維或四維空間，不可能在其他維數的空間裡建構代數系統。本附錄就來談談什麼是一維、二維、三維等任何維數的空間。

我們可以用一個實數，來描述一條直線上的每個點，告訴別人這個點離我們選好的原點0有多遠，是在0的左邊還是右邊。直線上的標度就像這樣：

. . . −4　−3　−2　−1　0　1　2　3　4 . . .　　(1)

每個點都有個實數標籤；在(1)所示的數線上，我們特別清楚標示出來的點是整數。這條直線就是「一」維的（one-dimensional），線上的每個點只需「一」個實數就能充分描述。

在討論一個點在二維（也就是平面）裡的位置時，我們通常會先選兩條互相垂直的直線（如下圖），接著再用平面上某點與這兩條

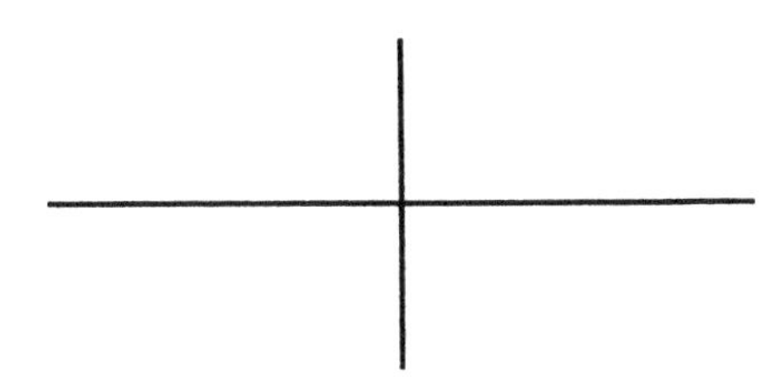

直線之間的關係，來描述該點。

做法是這樣的：先在這兩條直線上標示好數字標度，就像數線上那樣，然後平面上的任何一點P，就可以由下圖裡的長方形所給定的兩個數字來描述：

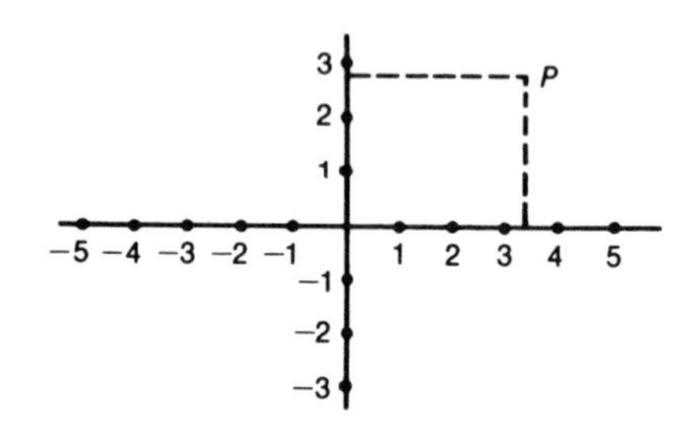

我們選的這個P點可用3.4及2.8兩數來描述，因此可以稱P點爲「點(3.4, 2.8)」，並且要記住第一個數字3.4代表水平線上的點，而2.8則代表鉛直線上的點。因此，點(2.8, 3.4)與點(3.4, 2.8)不同。平面就是「二」維的（two-dimensional），平面上的點需要用「兩」個實數來定出位置。

現在繼續談三維，也就是我們常聽到的空間。要指出空間裡的位置，我們是這樣做的：先在空間裡選個平面，並在平面上選一條

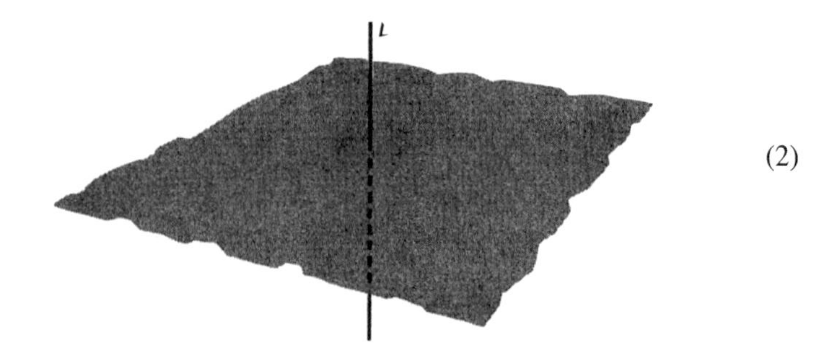

(2)

鉛直線（如左頁圖(2)所示）。接著在平面上，選兩條互相垂直的直線與圖(2)裡的直線L相交。最後，在這三條直線上以實數標出刻度。若以透視的方法畫出這些線，我們就得到下面這個圖：

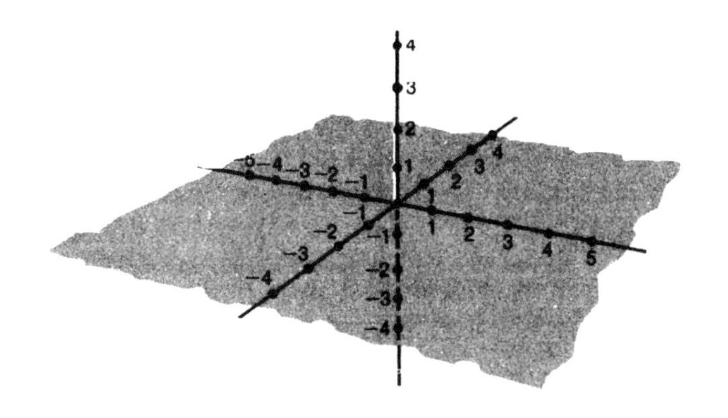

現在，空間裡的任何一點P，都可以由點P正下（或上）方的點P*，以及L上的實數（這個數告訴我們P的位置有多高或多低）一起來描述。

例如下圖中的這個點P，它正下方的點P*是(5, – 4)，而高度爲7：

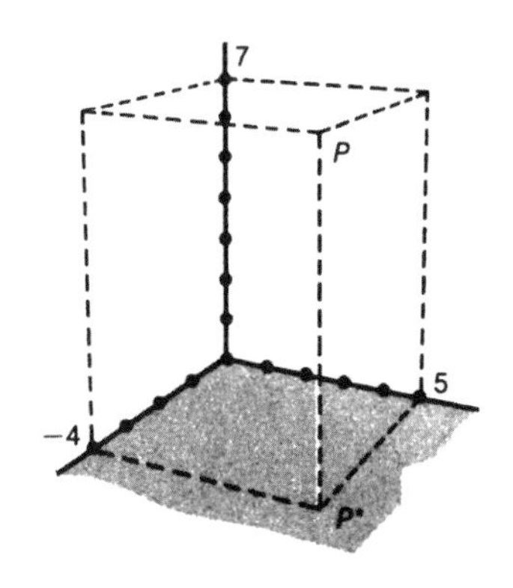

因此，我們可以用三個數(5, – 4, 7)來表示點P的位置。這三個數的書寫次序就像大多數西方人在寫正式的名字一樣：名、中間名及姓。(John Charles Thomas與Thomas John Charles及Charles John Thomas，三個名字都不一樣。）因此，我們先以平常的順序寫出平面上的X與Y，而第三個數字就說明了該點的高度。空間就是「三」維的（three-dimensional），空間裡的點需用三個實數代表。

總而言之，我們看到了線對應於實數的集合，而平面對應於實數對的集合，至於空間，則對應於實數三元數的集合。

多維空間

要想像實數四元數的集合，並不困難；例如$(-7, 6, 0, \sqrt{2})$就是一個四元數，而$(2, \neq, -107, 19)$也是。各位不妨再寫寫幾個四元數；你會發現寫出實數五元數，也很容易，例如$(10, 15, -\neq, -\sqrt{2}, \frac{1}{2})$，就連六元數也不難，譬如$(-1, 2, -\frac{1}{2}, \frac{2}{3}, \frac{3}{4}, 0)$。

要想像實數四元數的集合，不比想像實數三元數的集合更難，只不過實數三元數的集合有一個很方便的幾何模型，就是空間。我們可以把實數的集合「看」成線，把實數二元數的集合「看」成平面，把實數三元數「看」成空間，但不管怎麼絞盡腦汁或斜視，都沒有人可以把實數四元數的集合「看」成某種幾何物體。

不過，你若希望能「想像」出四維空間的幾何模樣，這裡倒是有個值得一試的方法。考慮可在平面畫出的所有箭的集合，箭上的羽飾由兩個實數來描述，而箭頭的尖端也需要兩個實數。因此，實數四元數的集合，就可以想像成平面上所有的箭構成的集合。

通常我們把實數四元數的集合稱做「四維空間」，實數五元數的集合就稱為「五維空間」，六元數……，以此類推。藉由同樣的方法，我們也很容易談論「二十維空間」，也就是實數二十元數的集合。

所謂的「k維空間」(k-dimensional space)，就是指與k元數的集合一一對應的任意集合S（這種一一對應，會使得S集合裡兩個接近的元素，對應到彼此接近的k元數，而且把兩個接近的k元數對應到相互接近的兩個元素）。對於k = 1、2或3所對應的集合，我們已經有線、平面與空間這些例子，周遭的所有物質都可在這些集合裡找到。「保持接近」是一項基本的要求，正如你在第18章「數學健身房」第38題看到的。

即使集合S能與不同維數的空間等勢（請見第18章第38題），我們也能證明S不可能同時具有兩種不同的維數。

在k維空間定義加法⊕，一點也不難。例如k = 4的情形，我們可以定義任意兩個四元數(a, b, c, d)與(A, B, C, D)的「和」，(a, b, c, d)⊕(A, B, C, D)，爲(a + A, b + B, c + C, d + D)。你可以驗證出，加法⊕滿足交換律與結合律。對於k = 2的情形，我們在第16章用了相同的方法定義⊕，並藉由平行四邊形的協助，以幾何的方式獲得。但如第16章所述，我們不可能在四維空間裡定義出一個乘法運算⊗，使得⊕與⊗共同滿足所有的代數規則。

數學健身房

1. 試證：平面上的圓所構成的集合屬於三維空間。（提示：圓是由圓心及半徑來描述的。）
2. 試證：在平面上，以水平線與鉛直線爲邊的長方形所成的集合，屬於四維空間。請證明這種長方形可用下列方式來描述：
   (a) 它的長、寬與中心；
   (b) 它的左下方與右上方角的位置；
   (c) 它的面積、它的左上角及對角線的長度。
   （拓樸學保證，(a)、(b)與(c)這三種方法都可以描述大小相同的長方形。）
3. 棒球投手要判斷球速、球的轉速、球的轉軸、投球的方向及球投出的時間。試說明打擊手需要用七個數字來描述投出的球。

延伸閱讀

[1] D. Hilbert and S. Cohn-Vossen, *Geometry and the Imagination*, Chelsea, 1999 (reprint edition).（本書第157至164頁有更多關於空間的例子。）

「數學健身房」的

部分解答與說明

第1章　稱重問題

1. 都是整數，0既不是正整數也不是負整數，正整數都是自然數。
4. (a) 4 兩，(b) 1 兩，(c) 3 兩
5. (a) $4 + 5 \times 7 = 3 \times 13$　　(b) $4 = 3 \times 13 + (-5)7$
6. (a) 有，　(b) 否，　(c) 有，　(d) 否
9. (a) 可以，　(b) 可以
10. 可以
12. (c) 題找不到M 、N
13. (b) 有，例如84 ，(c) 相差1
20. (b) 也會成立
23. (a) 5, 8, 10, 13, 15, 16, 18, 20, 21, 23, 24, 25, 26 及所有大於27的數
    (b) 砝碼都放在一個秤盤上，沒與馬鈴薯放在一起。
    (c) M 與N 均不是負值
24. 可以付4, 7, 8, 11, 14, 15, 16 及所有大於17 元的郵資
25. 所有大於107 、而它們的1/2 小於107 的數
26. 能付所有郵資
27. 能稱所有重量
28. 1 元到999 元

29. (a) 1 元到124 元， (b) 1 分到1.24 美元
30. 有很多方法，請看電影「終極警探」第三集。
31. (a) 不行， (b) 可以
33. (a) 可以， (b) 可以
34. 由1 公升到12 公升
35. (a) 可以， (b) 可以， (c) 可以買任何價錢的物品
36. 答案與第35 題相同
37. 答案與第35 題相同
38. (a) 不行， (b) 不行， (c) 只能買3 分錢倍數的物品
39. (a) 可以， (b) 可以， (c) 可以買任何價錢的物品
40. (a) 13 根香蕉， (b) 3 根
41. (a) 可以， (b) 可以
42. (a) 可能， (b) 可能
    (c) 5, 8, 10, 13, 15, 16, 18, 20, 21, 23, 24, 25, 26 及所有大於27 的數

第2 章 質 數

1. 五列6 顆星，列與列之間各插入一列5 顆星，共插入四列
2. 質數有67, 97, 101 與109 ，其他都是合數
3. (b) 沒有人知道
5. (b) 無人知曉
6. (b) 無人知道
7. (a) 有
8. (a) 有
9. 產生2 與3
10. 產生7 與41

12. (b) 例如$29 = 2^2 + 5^2$
13. (a) 產生2與113， (b) 是的
14. (a) 產生2與19， (b) 是的，除非3也在插入之列
17. (a) 是， (b) 是
22. 答案是28
23. (a) 3 對2.4， (b) 4 對3.4， (c) 8 對5.6
24. 看起來似乎從7開始的每個奇數，都可寫成三個質數的和。維諾革拉多夫（Vinogvadoff）已證明，從某個數開始，每個奇數都能這樣表示。
26. 否
31. 否
35. 你可指出3至少能整除N、N + 2或N + 4其中之一
41. 讀者可以想想，爲什麼只要檢查P^2不大於197的質數P，就夠了？
42. 223是質數；221則否
43. 不一定
46. 由$a^0 \times a^1$開始
49. 否
55. (a) 是， (b) 不是

第3章 算術基本定理

1. (d) 25
2. (d) 2
3. (a) 3， (b) 19
5. (a) 4， (b) 13， (c) 1

8. (a) M = –2, N = 1，　(b) M = –2, N = 1，　(c) M = –8, N = 5
10. 請讀者運用歐幾里得算則，可能快過瞎猜。
12. (b) 證明質數較簡單，　(c) 證明「每個特殊數都是質數」較簡單，　(d) 是，否
13. (a) 78，　(b) 12，　(c) 144
14. (a) 有20個因數
19. 最大公因數是32
20. (a) 1，　(b) 20
21. (a) 28，　(b) 12，　(c) 23328，　(d) 288
22. 提示：使用算術基本定理，計算質數出現在下列各數中有多頻繁：A、B、GCD(A,B)、LCM(A,B)
25. 有48與它的除數
26. (a) 能，只要利用「除」的定義，　(b) 也能，但須利用算術基本定理。
29. 有101個因數
32. 請使用算術基本定理
33. 使用算術基本定理
34. (A, B)的倍數
35. (a) 是1
36. (a) 提醒您，答案不一定是4
38. (a) 相等，　(c) 相等
41. 否
47. 是2
49. 是
50. 是

51. (a) 是1
52. 請注意，可用B 裡的A 來取代A 裡的B ，第53 題亦然。
55. 不可能找到最大郵資的公式
57. (b) 它是1 或2
64. (b) 這種數字沒有止境提示：它們的質因數分解長什麼樣子？
66. (a) 6 個因數， (b) 6 個因數， (c) 36 個因數， (d) 1491 個因數

第4章 有理數與無理數

7. (a) 2.89，3.24， (b) $\sqrt{3}$ 開始於1.7， (c) 2.9929，3.0276，(d) $\sqrt{3}$ 開始於1.73
8. $\sqrt{5} = 2.23\cdots$
9. 答案之一：雖然沒有人能將1/3 寫成小數，你還是知道這個數，它是$3X = 1$ 的解同樣的，$\sqrt{2}$ 是$X^2 = 2$ 的正值的解。
11. (a) 13， (b) 20
12. (b) 42.4
13. 在小數記號裡，巴比倫人的估計值開始於42.42 。
14. 第三邊的長度是6.3 ⋯
18. 無理數
19. 是
20. 是
21. 若$R = 0$ ，就不是無理數
22. 無理數
23. 引理4 → 質數都是特殊數 → 算術基本定理 → $\sqrt{2}$ 是無理數
24. 否因為在0 與a 之間，必然找得到更小的數，例如a/2
25. 無理數先假設它等於A/B ；再在等號兩邊開平方，消除分母之後

利用算術基本定理。

28. A 裡每一個質因數的數目，都必須是3 的倍數；因此，只有A 恰好是個立方數。
29. 答案是1.26 …
31. (a) 1.30， 1.6， 0.142857
32. 0.1764705882352941
33. (a) 131/100， (b) 21243/9900， (c) 5412/999
34. (a) 1414/1000， (b) 349/900， (c) 613/99， (d) 83641/9990
36. (c) 128 與 129.7
38. (a) 是， (b) 否
59. 提示：首先畫直角三角形，三角形的兩個短邊要與連接任兩點之間的直線平行。如此，任何一個三角形面積，若不是整數，就是整數之半。
60. 都可以做到
61. 可以將一個角二等分，但無法三等分。
62. 沒有哪個質數出現兩次
63. (a) 61 個，(b) 61 個，(c) 61 個

第5章 用數學頭腦鋪瓷磚？

1. (a) 可用一個1/35 乘 1/35 的正方形， (b) 152 × 87 個
2. (a) 可用一個1/28 乘 1/28 的正方形， (b) 234 × 143 個
3. 最少要126 塊全等正方形
4. 最少要33 塊全等正方形
6. (a) 可以， (b) 不行
7. (a) 可以， (b) 不行

12. (a) 5 種方法，　(b) 1 種方法
13. (a) 是（請利用本章所寫的方法），　(b) 否，如(a)所示，大長方形的長與寬之比是105/104，不是1/1。
14. 邊長爲1，因爲1 = (151, 721)
15. 邊長爲23
16. (a) L/W 與 H/W 的比值必須是有理數，因此，L/H 的值也是有理數；　(b) 是的
18. 從直角到斜邊畫出一條高度
30. 請把39、36與3的平方列出來，你做得到的！
31. (a)

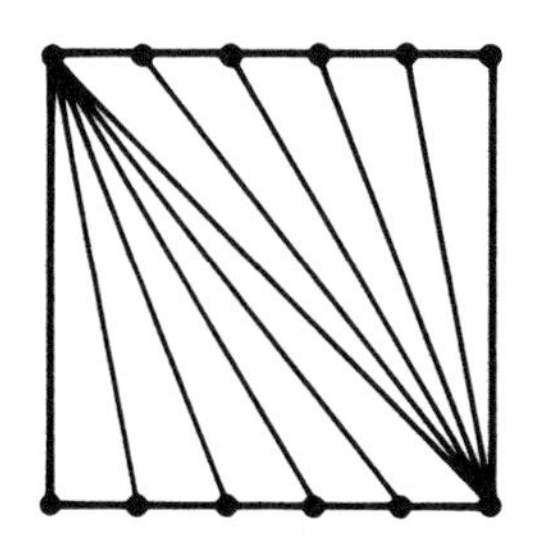

這是典型的鋪法；點與點之間的距離相等

(c) 沒有人知道

36. 提示：骨牌蓋住的兩個正方形是什麼顏色的？

第6章　鋪瓷磚與電學

1. (a) 56 安培，　(b) 112 安培，　(c) 80 安培
2. (a) 2 伏特，　(b) 4 伏特，　(c) 2.4 伏特
3. 右邊電流6.25 安培；左邊電流3.75 安培；底部電流10 安培頂部電壓1.25 伏特。

5. 左邊電流7.5 安培；右邊電流4.5 安培；底部電流12 安培頂端電壓1.5 伏特。

7. 頂端電壓40/17 伏特，左邊接點的電壓爲10/17 伏特；2 號線電流80/17 安培，3 號線電流90/17 安培，4 號線電流40/17 安培，5 號線電流50/17 安培。

9. 頂端電壓是75/37 伏特，右邊接點的電壓是30/37 伏特；電流在4號線是180/37 安培，5 號線是375/37 安培，左側3 號線是90/37安培，右側3 號線是90/37 安培。

11. 頂端電壓是30/11 伏特，右邊接點的電壓是12/11 伏特；電流在4號線是72/11 安培，2 號線是60/11 安培，5 號線是60/11 安培，1號線是12/11 安培。

16.

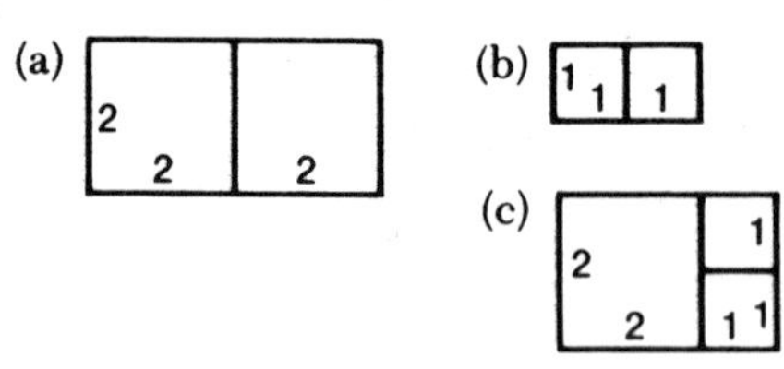

17.

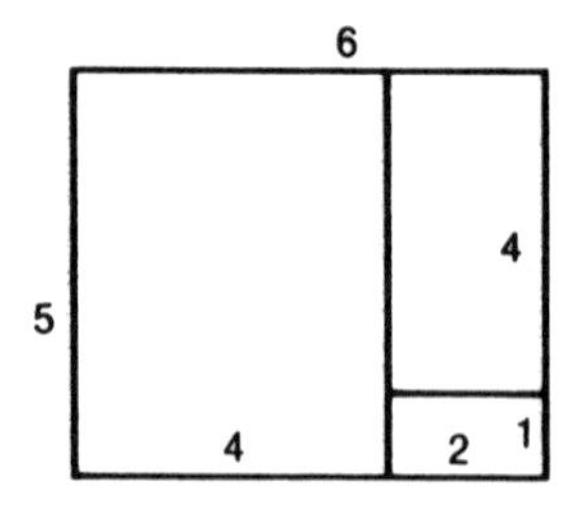

18. x = 20/7 ，y = 3/7

19. s = 79/47 ，t = 9/47

21. 頂端電壓是624/109 伏特，左側接點的電壓是492/109 伏特，右側接點的電壓是408/109 伏特。5 號線的電流是660/109 安培，3 號線是648/109 安培，1 號線是492/109 安培，上面的2 號線是168/109 安培，下面的2 號線是816/109 安培。

23. 頂端電壓是310/58 伏特，左側接點的電壓是200/58 伏特，右側接點的電壓是190/58 伏特。頂端2 號線電流是220/58 安培，3 號線是360/58 安培，中間2 號線是20/58 安培，1 號線是200/58 安培，下面2 號線是380/58 安培。

25. 頂端電壓是1350/234 伏特，其他數值請讀者自己一一計算出來，重點是全部都是有理數。

26.

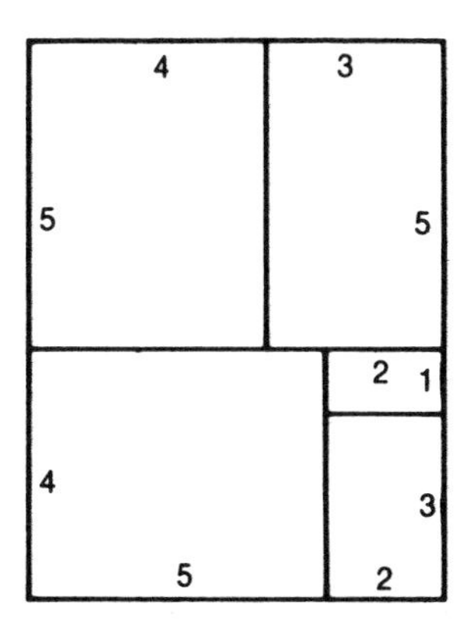

31. 市區裡跑了100 英里，高速公路上跑了120 英里。

35. 提示：爲方便起見，請先假設正方形的邊長爲1 ，而長方形的兩邊長爲a 與b 。接著，指出a 與b 是有理數。不要假定所有的長方形都有相同的取向。

第7章　高速公路巡邏警察與推銷員

1. 有推銷員路線，也有巡警路線
2. 有推銷員路線，沒有巡警路線
3. 用下面這個系統取代，答案爲「有」

4. 用下面這個系統取代，由定理2，答案爲「沒有」

5. 推銷員能
9. 用下面這個簡單圖來取代，它有4個奇數次數的城鎮，所以答案爲「否」

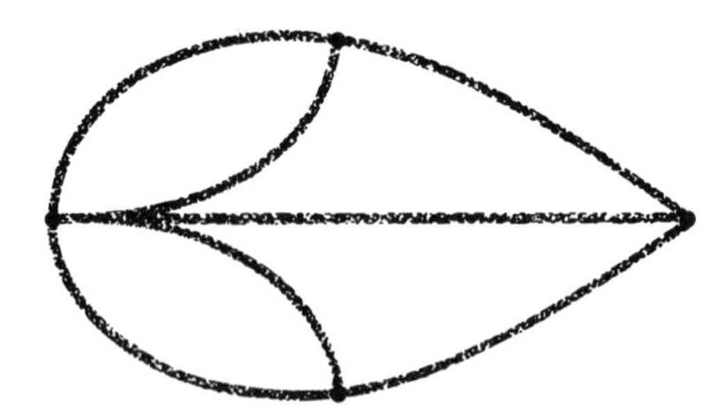

16. 需要2位巡警
17. 此系統是環狀的
26. 由第25題的分析指出，若n爲偶數，答案是「能」；若n爲奇數，答案則「否」。

30. 每個交叉點都是偶數次數

第8章　記憶輪

10. 若由其他的三元字節開始，不會成功。
13. 三元字節依下列次序出現：111, 110, 100, 001, 010, 101, 011 ；接著把000 放在100 與001 之間。
17. 不一定。你可以從任何一點開始讀記憶輪。
23. 如果你把地圖畫在一張8.5 英寸乘11 英寸的紙上（大約是A4 紙張的大小），會比較清楚而且容易閱讀每個二元字節應該有三個箭頭朝向它，也有三個箭頭離開它。例如，二元字節的城鎮11 ，應該會如下圖：

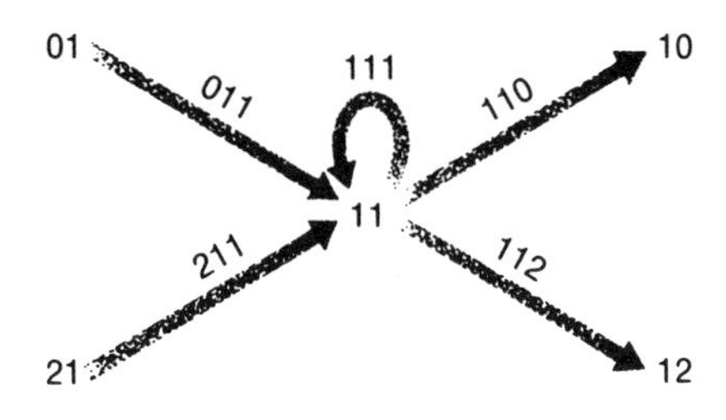

而二元字節的城鎮12 ，則如下圖：

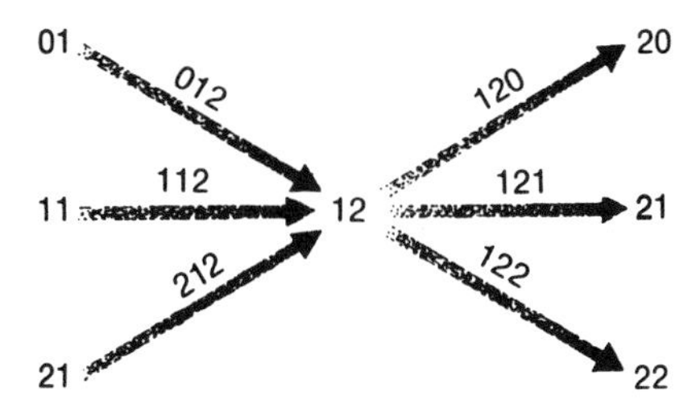

第9章　數的表示法

1. (a) 3 ，(b) 0, 1, 2, 3, 4
2. 1, 10, 11, 100, 101, 110, 111, 1000, 1001, 1010
4. (a) 11001000 ，(b) 21102 ，(c) 3020
5. (a) 11 ，(b) 31 ，(c) 25 ，(d) 50 ，(e) 250
6. (a) 100101 ，(b) 200121 ，(c)90042
8. (a) 10000 ，(b) 1020
9. (a) 10 ，(b) 144 ，(c) 35
10. (a) 10001 ，(b) 1111 ，(c) 10000 ，(d) 10101
11. (a) 10111 ，(b) 101001 ，(c) 101010 ，(d) 1100011
12. (a) 7 ，(b) 6 ，(c) 21
13. (a) 11 ，(b) 31 ，(c) 33
16. (a) 0.625 ，(b) 0.101 ，(c) 0.22 ，(d) 0.5
17. (a) 0.75 ，(b) 0.75 ，(c) 0.8 ，(d) 0.777 ⋯
19. (a) 0.1011 ，(b) 0.201 ，(c) 0.042
20. (a) 100 ，(b) 100 ，(c) 100
21. (a) 2/1 ，(b) 3/2 ，(c) 4/3 ，(d) 10/9
22. (a) 10001.11 ，(b) 1.0001
24. (a) 最後一位數字是0 ，(b) 最後兩位數字都是0 ，
    (c) 所有數字和爲偶數，(d) 交替數字和能被4 除盡
25. 以7 爲底的2415 較大
26. (a) 0.101 ⋯，(b) 0.101 ⋯，(c) 0.000 ⋯，(d) 0.222 ⋯
33. (a) 100000 ，(b) 0.0000001
34. 是

40. (a) 84 ，(b) 2e ，(c) 13 ，(d) 29 ，(e) 0.4 ，(f) 0.6 ，(g) 0.3

42. (c) 1.102 ⋯（3 爲底）

43. 1.011 ⋯（2 爲底）

44. (a) 1.732 ，(b) 1.101（以2 爲底），(c) 1.201（以3 爲底）

46. (a) 53 ，(b) 84

49. (a) 以5 爲底，(b) 以4 爲底，(c) 以12 爲底

50. 所有6 以上的底

51. 奇數

53. (a) 3 鎊3 先令10 便士（捨尾數），(b) 3 鎊19 便士（捨尾數）

54. (a) 約5 又15/16 英寸，(b) 約0.151 公尺

55. (a) 12 湯匙，(b) 大約9 湯匙與2 茶匙

56. (a) 0.18 公升，(b) 0.144 公升

57. (a) 2 英尺6 又7/12 英寸，(b) 0.776 ⋯公尺

58. (a) 1 英尺8 又5/8 英寸，(b) 0.52 公尺

60. (a) 3.054 公分，(b) 6.173 公尺

61. (a) 22 又27/32 平方英寸，(b) 147.96 平方公分

62. (a) 5.08 公分，(b) 6.35 公分，(c) 0.9525 公分

63. (a) 約7 英尺5 又7/8 英寸，(b) 227.336 公分或2.27336 公尺

64. (a) 約12.4 英畝，(b) 5.0142 公頃

65. (a) 2 磅10.5 盎斯，(b) 1 磅12 又1/3 盎斯，(c) 666 磅10 又2/3 盎斯（這樣子換算不煩嗎？老美眞是自尋煩惱啊！）

66. (a) 1.2 公斤，(b) 0.8 公斤

68. (a) 約4 又3/32 英寸，(b) 約10.24 公分

73. 若B 是2 的乘方數

79. 0.011（以2 爲底）

第10章　同餘式

5. (a) 若$A \equiv 0 \pmod 2$，且$B \equiv 0 \pmod 2$，則$A + B \equiv 0 \pmod 2$；當然你也可以用任何偶數來代替0

   (b) 若$A \equiv 0 \pmod 2$，且$B \equiv 1 \pmod 2$，則$A + B \equiv 1 \pmod 2$

   (c) 若$A \equiv 1 \pmod 2$，且$B \equiv 1 \pmod 2$，則$A + B = 0 \pmod 2$

6. (a) 若$A \equiv 0 \pmod 2$，則$AB = 0 \pmod 2$

   (b) 若$A \equiv 1 \pmod 2$，且$B \equiv 1 \pmod 2$，則$AB \equiv 1 \pmod 2$

7. (a) $12 \equiv 0 \pmod 3$

   (b) $12 \equiv 0 \pmod 4$

   (c) $N \equiv 0 \pmod 1$

   (d) $N \equiv 0 \pmod N$

9. 看它們的個位數字是否相同

10. 餘數是5

11. 餘數是1

12. 餘數是2

13. (a) 爲眞，(b) 不爲眞，(c) 爲眞，(d) 不爲眞

14. 餘數是4

15. $10 \equiv 1 \pmod 9$

17. (a) 9有個特性，就是它是$10^N - 1$的因子

    (b) 這段論述與第16(b)題類似

21. 沒有整數解

22. 沒有整數解

23. (a) 二個解，(b) 沒有解

24. (a) 四個解，(b) 一個解，(c) 二個解

28. 個位數是0或5

32. 請結合第26題與第27題的判斷方法

33. 成立

34. (a) 餘數爲1，(b) 餘數爲3

36. 此乘法表在1、2、3、4列中沒有重複

37. 此乘法表在1、2、3、4、5、6、7列中沒有重複

38. (a)及(b)的乘法表（這是「質數是特殊數」的另一種說法）

39. 餘數是6

40. (a) 餘數是6，(b) 餘數是6，(c) 餘數只與數字之和有關

48.(a) 不能，(b) 能

52. (a) 成立，(b) 不爲眞，(c) 對任何質數模數爲眞

53. (a) 4，(b) 2

54. (a) 6，(b) 1，(c) 沒有平方根，(d) 2與4，(e) 1，(f) 1與1，(g) 除，等於分子分母先顚倒再相乘

55. (a) 都是4，(b) 1，(c) 1，(d) 是，都是6

56. 可被9除盡；用9除時餘數1

57. 可用11整除

59. 否

60. A = B (mod 6)

66. 成立

67. 塡入4

68. 塡入8

72. (a) 10

74. (a) 餘數是3，(b) 餘數是1，(c) 餘數是1

75. 除數2、4與8

77. 最後兩位數字是01

第11章　奇怪的代數

8. 同構
10. (a) 不成立，(b) 成立
11. (c) A ，(d) A
19. (a) A 或B
21. 是
50. (a) 若問題中的行是U ，則T 。U = T ，而U 。T = U

    (b) 0 ，(c) 1
52. 是冪等，可交換，滿足結合律
55. 最多有100 個
56. (a) 可交換，(b) 不能滿足結合律
57. (a) 可交換，(b) 可以滿足結合律

第12章　正交表

2. 有8 組
4. 沒有了
5. 沒有
6. 像定理3 的證明
10. 有8 組
11. (b) 否
13. 若階數大於1 就沒有
14. 除了(16)最左邊的表，其他表都可以。
15. 主對角線沒有哪個字母出現兩次

21. 因爲7是質數，你可以應用本章教到的技巧
23. 任一行的數字都沒有重複，且列裡的數字會有重複
25. 運用第120頁的表(16)
28. 不可能
29.

11	5	2	16
14	4	7	9
8	10	13	3
1	15	12	6

45. (d) 10是最大的
46. (b) 分別是4、3、12
47. (a) 否，(b) 否，(c) 若(E, M) = 1，則存在一個A，大於0，且使得$E^A \equiv 1 \pmod{M}$
50. (a) 將正方形分成4個全等正方形
51. (a) 小於$\sqrt{2}$，(b) 將正方形分成25個全等正方形，把針插在每個小正方形的角落。
52. (a) 101到200，(b) 注意這項提示能證明更多的東西：兩個這種數的商是2的乘方

第13章　機 遇

1. 機率是1/18
2. 機率是1/36
3. (a) 7/12，(b) 5/18
4. 機率是1/6

5. 總機率是1/6
6. 機率是25/216
7. 機率是4/7
8. 機率是1/1000
9. (a) 0.284 ，(b) 0.040 ，(c) 0.716
10. (a) 1/2 ，(b) 1/2
11. (a) 5/9 ，(b) 4/9
12. (a) 3/4 = 0.75 ，(b) 1 比4（或4 比1）
13. (a) 0.04 ，(b) 0.64 ，(c) 0.32
14. (a) 0.027 ，(b) 0.343 ，(c) 0.343 ，(c) 0.189 ，(d) 0.441
15. 2101/3125（約2/3）
18. (a) 1/16 ，(c) 1/2 ，(d) 1/8 ，(e) 1/2 對33/70 ；1/8 對3/33
19. 機率是1/8
21. (a) 0.262144 ，(b) 0.737856
22. (a) 73/648 ，(b) 勝算是575 比73（或7.88 比1），(c) 7.88 元
23. (a) 1/3 ，(b) 10 對5 才公平
24. –1/15 元
25. (a) 5/11 ，(b) –1/66 元，(c) 本題的(b)較有利
26. (a) 625/1296 = 0.482 ，(b) 對莊家有利，(c) 671 對625（約1.07 對1），(d) –46/1296 = –0.035 元
27. 期望值是250 元
28. (a) 9/19 與10/19 ，(b) –1/19
29. (a) 3/19 與16/19 ，(b) –1/19
30. 期望值是–1/19
32. (a) 否，(b) 否，(c) 勝負各半，(d) 是

33. 期望收入是–250元（負期望值是很多出版商知道的）

34. (a) 0.1

35. (a) 約0.616，(b) 該，(c) 不該

36. (f) –3.01545元，(g) 39.691%

39. (a) 負5億元

40. (a) 約0.43，(b) 0.28，(c) 0.19

41. (a) 0.23，(b) 0.71

43. (a) 2/9，(b) 1/36，(c) 2/45，(d) 25/396，(e) 25/396，(f) 2/45，(g) 1/36，(h) 244/495 = 0.493（幾乎公平）

44. 乙案

46. (a) 1/2，(b) 2/3，(c) 5/8

54. (a) 1，(b) 1/365，(e) 不公平

56. (b) 10% 較可靠，(c) 不會

第14章　方形數字盤

1. 0是自然數，也是偶數。

2.

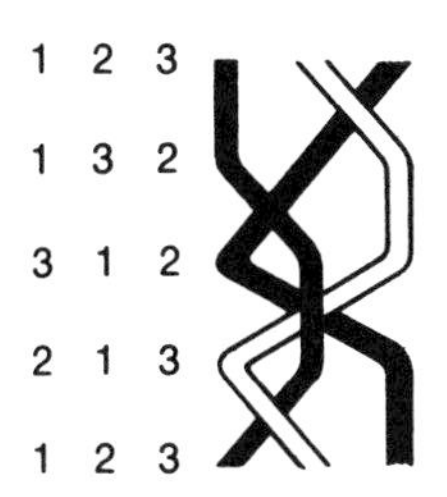

4. B值依序是1、3、7

5. B值分別是5、10

6. B值依序是3、6、10
8. 交換次數是偶數
9. 交換次數是奇數
11. (a)

1	2	3	4
5	6	7	8
9	10	11	12
13	14	15	///

(b)

1	2	3	4
13	14	15	///
9	10	11	12
5	6	7	8

(c) 能

12. (b) 不能用142次交換步驟；143次可以。
14. 對
16. 無解
17. 無解
18. 無解
19. 無解
20. 有解！
23. 做不到
24. 填入19
30. 至少經過4次交換
31. 至少經過3次交換
37. 至少需要8次交換
45. (c) 能

第15章　地圖著色

12. (a) V變成V－2，E變成E－3，R成爲R－1，(b) 沒變
13. 成立，可用相同的方式證明

14. E = 500 ，R = 200 ，因此V = 302
15. 在引理6的論證之中
16. 不能
18. (b) 1
21. 至少有12個這種區域
22. (a) 3

    (b)

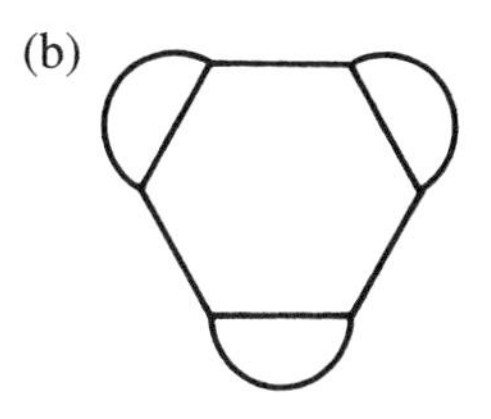

23. 有20個
24. (a) 0 個
32. a = 3 ，b = 3 、4 、5 ；

    a = 4 ，b = 3 、4 ；

    a = 5 ，b = 3
34. (a) 八面體，(b) 立方體，(c) 二十面體，(d) 十二面體，

    (e) 四面體，(f) 正多面體
45. 不一定可以
58. 可以
60. (a) 可以，(b) 沒有人知道
61. (a) 可以，(b) 沒有人知道

第16章　數的種類

1. (b) 不是，(c) 是，(d) 不是

2. 只有一個，就是2
3. (a) -2 ， (b) $2+\sqrt{3}$，$2-\sqrt{3}$
6. (a) -7 ， (b) 2 ， (c) $-31/8$ ， (d) 1/2 與1
7. (a) 0.08 ，(b) 0.425 ， (c) 0.8 與0.9 ， (d) 0.8
8. (a) 否，(b) 有
12. (a) 3 ， (b) $-3/2$
13. (a) 沒有實根，(b) -7
14. (a) -2 ， (b) -1
15. 只有(c)，因爲(c)裡的方程式次數爲奇數，其他方程式皆爲非負數之和。
16. (a) 7 與-1 ，(b) $1+\sqrt{5}$，$1-\sqrt{5}$
17. 都是代數數
18. 都是代數數
19. (a) 3 次，(b) 2 次，(c) 1 次，(d) 0 次
25. x^4+1
26. (a) 5 次，(b) 8 次
30. 商是79 次，餘式最多20 次
31. 在十進位系統，數字可看成「十乘方的多項式，係數是0 、1 、2 、……、9 」。
32. (a) 是，(b) 是，(c) 否
33. 是「複阻抗」的長度
34. 有實根
37. (b) $3x+1$
38. (b) $2x+3$
39. 有1 到201 個根

40. 有0到202個根
41. $P = Q(X - 7)$
42. 否
43. (a) 是，(b) 否
44. 否
45. 否
47. 分配律
50. (a) 一個實數根
53. (b) $5i$
54. (b) -2
55. (b) $25i$
59. 任何實數皆是如此
61. (a) $x^2 - 4x + 29$
62. (a) $3 - 5i$，(b) 34，(c) 6
73. 使用乘法的幾何定義
74. (a) $(-1, 0)$，(b) $(0, 1)$
77. (a) 沒有實數根，(b) 有複數根
79. (b) 約0.62
80. (b) 請與一些三角形做比較
81. (a) 次數可能是1或2。(b)到(g)請複習第3章，在多項式的情況下幾乎沒有改變。
84. (d) 用 $2/(1 - x)$ 取代(b)裡的 $1/(1 - x)$，論證與結論都相同。
92. 不能。提示：指出有複數 $U = a + bi$，$V = c + di$，其中a、b、c、d為整數，而 $U/V = e + fi$，會使 e/f 為無理數。

第17章　尺規作圖

2. 相似三角形的對應邊成正比
4. (c) 它們很接近，但5/7稍大
5. 在圓裡內接一個儘量接近圓形的多邊形，再把多邊形拆開成一條直線（或選一個與π接近的小數）。
11. (a) 約0.77（近似值是0.76604）
12. (a) 否，(b) 否，(c) 可，(d) 可，(e) 可，(f) 可，(g) 可，(h) 否，(i) 可。提示：與建構某種n多邊形有關。
14. 爲何M可整除N^3？（而且爲何N可整除$8M^3$？爲什麼M必須是1或−1，而N是±1或±2？）
17. (d) 把(c) 改變成$x^2 + x - 1 = 0$，並求解。
18. (a) 可以，(b) 可以，(c) 不行，(d) 可以
19. (a) 請檢驗連續平方數之間的差
27. (e) 你的答案應該接近這些值（cos A 在前面，sin A 在後面）：對0，1與0；對10，0.98與0.17；對20，0.94與0.34；對30，0.87與0.50；對40，0.77與0.64；對60，0.50與0.87；對80，0.17與0.98；對100，−0.17與0.98；對180，−1與0。
28. 可利用畢氏定理
29. (a) 由複數的定義，(b) 計算(a)的積
39. (a) 寫$4A = 2A + 2A$，並運用第30題。

    (b) 寫$8A = 4A + 4A$，並用(a)。

    (c) 提示：對於$n = 3, 4, 5$，用 sin X 與 cos X 來表示 sin nX 與 cos nX。儘可能用到最少的 sin X。

    (d) 結合(c) 與$\cos 90^\circ = 0$

49. 約273英尺

50. (a) 0.93與0.36，(b) 0.82與0.57，(c) 0.05與0.83

51. (b) 仰角45°

第18章　無窮集合

2. 有100個立方數

6. 有$2^n - 1$個子集合

7. 讓第一個集合中的n與第二個集合中的n – 1配對

10. 是

13. 讓(a, b, c)與$2^a 3^b 5^c$配對

15. 分別是7與14

16. 分別是3/2、1/5與5/3

19.「請各位房客改搬進房號比現在多1號的房間。」

20. 等勢

23. 見第24題

24. 否

25. 不是

27. 是可數的

28. (a) 57/3125，(b) $4 + 2x^2$，(c) $-1 + x^2 - x^6$

29. 實數集合與正實數集合

30. 0與1之間的實數（不含0與1）及所有正實數

31. (d) 無理數多

32. (a) 是有限或可數的，(b) 與實數的集合等勢

34. (a) 是，(b) 否

35. (a)、(c)、(g)、(h)是等勢的，而(b)、(d)、(e)、(f)也是

37. 都不是。（這是很有名的悖論。）

39. 等勢

40. (b) 否

51. 除了4、13、16之外，其他皆然

52. 仍然有效

第19章　總 覽

10. 提示：首先發展一項演算法，以找出A、B、C的最大公約數

21. (d) 否，(e) 是，否

附錄A　算術複習

1. (a) 12， (b) 4， (c) 17， (d) 15

2. (a) (b)

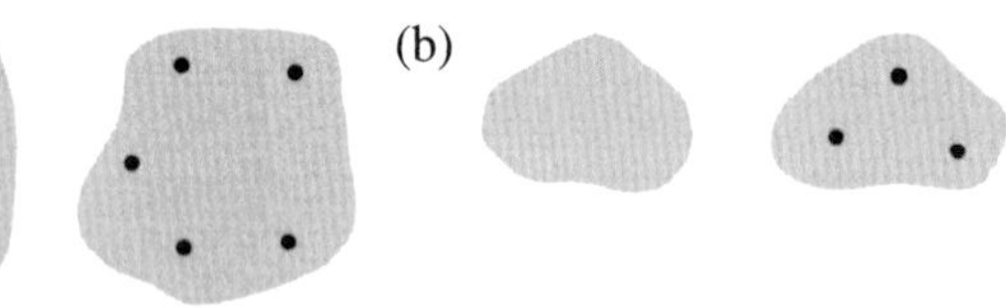

3. (a) 59， (b) 702， (c) 942

4.

5. (a) (b)

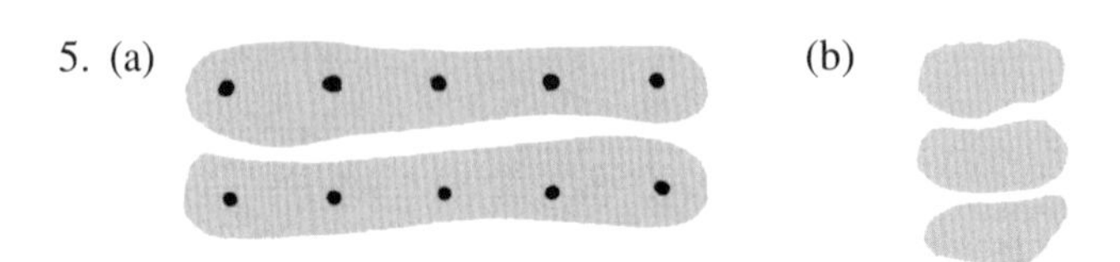

7. (a) 24， (b) 42， (c) 49， (d) 54， (e) 56
8. (a) 450， (b) 221， (c) 42,926
9. 第一種比較容易
10. (a) 30,573， (b) 90,601， (c) 90,800， (d) 56,073,021
11. 不會平衡，因爲80×7不等於90×6
13. $60 \times 8 = 80 \times \square$，因此 $\square = 6$ 英尺
14. (a) 50， (b) 833， (c) 100， (d) 87
16. (a) 35， (b) 48， (c) 30， (d) 40
17. (a) 1560， (b) 756， (c) 22
18. (a) 是， (b) 是， (c) 否
19. (a) 22， (b) 97， (c) 89， (d) 249， (e) 1080
20. (a) 47， (b) 141， (c) 231， (d) 788
22. (a) 對， (b) 對， (c) 錯
23. (a) –2， (b) –32， (c) 12， (d) –11
24. 對
25. (a) –77， (b) –90， (c) –96， (d) 16
26. (a) 15， (b) 15， (c) –15， (d) 4
28. (a) 是，均爲–40； (b) 是，答案爲0
29. (a) 是，均爲32； (b) 是，答案爲–8
31. (a) 0（$7 \times \square = 0$）， (b) 3（$2 \times \square = 6$）， (c) 19（$3 \times \square = 57$），
(d) 17（$7 \times \square = 119$）， (e) 7（$8 \times \square = 56$）
32. (a) –51， (b) –13
33. (a) 有意義， (b) 無意義
34. (a) 1， (b) 3， (c) 2
35. 0、1、2、3、4、5、6、7

36. (a) 16， (b) –32， (c) 243， (d) 125， (e) 100

37. (a) 16， (b) 25， (c) 5， (d) 1， (e) 1

38. (a) 2^{10}， (b) 2^{5}

39. 11/23 比較大；因爲$\frac{10}{21} = \frac{10 \times 23}{21 \times 23} = \frac{230}{483}$，而$\frac{11}{23} = \frac{11 \times 21}{23 \times 21} = \frac{231}{483}$

40. (a) 例如7/5、28/20、42/30， (b) 例如–6/10、–9/15、–12/20

42. (a) 34/15， (b) –1/36， (c) 23/3， (d) 228/65

43. 第一個算出來是$\frac{246}{143}$（小於2），而第二個的答案則是$\frac{129}{63}$（大於2），所以後者較大。

44. 7/2

45. (a) 7/11， (b) 63/16， (c) 16/4（或4）

46. (a) 707/351， (b) 2， (c) 77/114（此爲最簡單的分數）

47. 相乘

48. (a) 15/8， (b) 39/2， (c) 55/3

49. (a) 64/63， (b) 4， (c) 16/63

51. (a) 25/21， (b) 99/8， (c) 3/2

52. (a) 5/21， (b) 21/2

53. 因爲$3 \cdot 2/3 = 2$

54. 因爲$(1 + 1/3)^3 = 64/27$，而$(1 + 1/4)^4 = 625/256$，所以後者較大。

55. (a) $(a + b)^n \geqq a^n + b^n$， (b) $(ab)^n = a^n b^n$

閱讀筆記

閱讀筆記
Mathematics

閱讀筆記

閱讀筆記
Mathematics

閱讀筆記

科學天地 146

數學是啥玩意？（III）

Mathematics: The Man-Made Universe

原著 — 斯坦
譯者 — 葉偉文
顧問群 — 林和、牟中原、李國偉、周成功

出版事業部副社長／總編輯 — 許耀雲
系列主編 — 林榮崧
責任編輯 — 畢馨云
特約美編 — 江儀玲
封面設計 — 江儀玲

出版者 — 遠見天下文化出版股份有限公司
創辦人 — 高希均、王力行
遠見・天下文化・事業群 董事長 — 高希均
事業群發行人／CEO — 王力行
出版事業部副社長／總經理 — 林天來
版權部協理 — 張紫蘭
法律顧問 — 理律法律事務所陳長文律師
著作權顧問 — 魏啟翔律師
地址 — 台北市 104 松江路 93 巷 1 號 2 樓
讀者服務專線 — 02-2662-0012 ｜ 傳真 — 02-2662-0007, 02-2662-0009
電子郵件信箱 — cwpc@cwgv.com.tw
直接郵撥帳號 — 1326703-6 號　遠見天下文化出版股份有限公司

電腦排版 — 極翔企業有限公司
製版廠 — 東豪印刷事業有限公司
印刷廠 — 崇寶彩藝印刷股份有限公司
裝訂廠 — 政春裝訂實業有限公司
登記證 — 局版台業字第 2517 號
總經銷 — 大和書報圖書股份有限公司　電話／(02)8990-2588
出版日期 — 2002 年 01 月 30 日第一版
2016 年 12 月 20 日第二版第 2 次印行

定價 — NT250
ISBN 978-986-320-590-6
書號 — WS146
天下文化書坊 — bookzone.cwgv.com.tw

國家圖書館出版品預行編目(CIP)資料

數學是啥玩意? / 斯坦(Sherman K. Stein)原著;
葉偉文譯. -- 第二版. -- 臺北市 : 遠見天下
文化, 2014.10
面； 公分. --(科學天地 ; 144-146)
譯自 : Mathematics : the man-made universe

ISBN 978-986-320-588-3(第1冊 : 平裝). --
ISBN 978-986-320-589-0(第2冊 : 平裝). --
ISBN 978-986-320-590-6(第3冊 : 平裝)

1.數學 2.通俗作品

310　103020525

Believe in Reading

相信閱讀